职场非常道
Workplace Survival Guide

王阿贵 ◎ 编著

天津科学技术出版社

图书在版编目（CIP）数据

职场非常道：没有人告诉你的职场法则/王阿贵编著. —天津：天津科学技术出版社，2011.1

ISBN 978-7-5308-6164-6

Ⅰ.①职… Ⅱ.①王… Ⅲ.①成功心理学—通俗读物
Ⅳ.①B848.4-49

中国版本图书馆 CIP 数据核字（2010）第 247288 号

责任编辑：刘丽燕

责任印制：白彦生

天津科学技术出版社出版
出版人：蔡 颢
天津市西康路35号 邮编300051
电话（022）23332398（事业部） 23332697（发行）
网址：www.tjkjcbs.com.cn
新华书店经销
河北省香河县宏润印刷有限公司印刷

开本 710×1000 1/16 印张 19.25 字数 280 000
2011年1月第1版第1次印刷
定价：29.80元

前 言

兵法云："上兵伐谋"，何谓谋？谋者，道也。人们常说，职场如战场。而职场，更需要"谋"！职场之道，在于"生存""发展"。职场所做的一切，无非是为了生存和发展。职场是什么？职场是一个充斥着情、利、欲、策等的小"社会"，你说它是一个圈子也好，说它是一个公司也罢，它俨然是大社会中的一个小社会。它不仅是你平时上班的公司或工厂，从本质上说它是一个人安身立命的地方。一个人要生存，就要想办法为生存而赚钱，只要是能让你有可能赚钱的地方，都可以说是你的职场。

职场是人生的演绎。自古以来，人们都有自己的生存方法，在是非恩怨的人生道路上，职场也有温情脉脉和残酷无情的两面。要想在其中更好地生存发展，必须深刻地解读它的游戏规则。

职场，首先是一个利益交错的复杂之所，是人们利益竞争的地方，为了生存利益做什么都不过分。但是为了更好、更长久地生存，却要有所为，有所不为，从这点说职场是学做人的地方。同时为了更好、更长久地生存，职场也是与人合作的地方，所以职场中会有冤家对头，也会有朋友，怎么与他们相争、相处，就离不开权谋的手段与感情的付出等。

总之，这些游戏规则中，有温情脉脉的显规则，也有残酷无情的潜规则。如果说显规则是平静如水的湖面，潜规则就像平静湖面下涌动的暗流，对于不懂它的人来说，就是一个巨大的陷阱。只有能读懂这一明一暗两种游戏规则的人，才有可能在职场中得心应手、无所不能。

在职场上，人人都在追求成功。不过，渴望成功的人很多，真正成功的人却很少，原因就在于很多人没有真正领悟职场的玄机。俗话说：工欲利其事，必先利其器，这个玄机就是职场的显规则与潜规则的灵活应用，也就是职场之道。要想进军职场，必先悟透了职场玄机；要想在职场中有所作为，更要运用好职场玄机。只有悟透并运用好了职场玄机，才能运筹帷幄，决胜职场。

"运用之妙，存乎一心"，职场之道往往是只可意会而不可言传，它需要在不断摸索，在反复碰壁与顺利中适应与进步。本书就是通过对职场显规则与潜规则的论述，让读者通过阅读他人的故事，再结合自己的经历与观察，对职场的游戏规则了然于胸；然后再创造性地去努力、去奋斗、去成功。这也正是本书意欲送给所有职场人的一份礼物。

目 录

第一章 职场的生存之道

不管是热播一时的电视剧《潜伏》，还是职场人士热捧的《杜拉拉升职记》，它们中的很多观点和处世哲学，都值得每位初涉职场的人和都市白领在职场生活中去领悟和体会。"姿色中上、没有背景、教育程度良好"的拉拉的成功，个人的奋斗和投入自然是重要因素，但是，无尽的职场压力和钩心斗角，需要每一位职场人士对职场生存之道都有自己独特的见解。只有掌握了职场生存之道，才能让自己有更好的发展，获得更大的成功。

个人品牌是职场的一面旗帜 /3

珍惜你的职场信誉 /6

维护公司利益 /9

为自己"充电"，用知识武装自己 /12

做一棵不断成长的小树 /15

大处着眼，小处着手 /17

倾注热情，让工作变得有趣 /21

扩大"承担圈"，放大"成功圈" /24

靠山重要，自己的价值更重要 /27

第二章 职场的利益之道

身处职场,最关注的无非是"利益"。升职加薪是每一位职场人士的渴望,也是对辛勤工作和出众业绩的奖励。职场,到底还是一个利益场。所以,赤裸裸地追逐利益也是对的。这就需要了解职场的利益之道,用正确的职场观来维护自己的利益,在角逐中立于不败之地!

用业绩来争取利益 /33
不让利益诱惑你的心 /37
做人要低调,别抢上司的风头 /40
荣耀归于上司的正确领导 /44
不要只为薪水工作 /48
没有金刚钻,别揽瓷器活 /51
如何才能让老板为你升职加薪 /54
女性游刃职场小窍门 /57
做人做事,要留余地 /60
携手与同事"共赢" /63

第三章 职场的明智之道

身处职场,如何才能在明哲保身中有所进取,达到职业生涯的又一座高峰?那就需要明智。明智就是自知、踏实、大度、低调、自我保护等,只有做到这些,才能既明哲保身,又能达到职业生涯的一个新高峰,走向一个新的高度。在职场,除了要有出色的工作能力,更要有明智的头脑,只有保护好自己,才能有更大的发展!

人贵有自知之明 /69

要脚踏实地,不要好高骛远 /72

糊涂做人,聪明做事 /75

职场做人要大度一点 /79

学会识人,看透人心 /83

职场做事,切勿投机取巧 /87

凡事预则立,不预则废 /90

与同事最好保持最佳距离 /93

学会隐藏自己的弱点 /97

在人屋檐下,不得不低头 /100

第四章 职场的人脉之道

尽管能力、品德、个人努力等都是成功的关键因素,但是,在职场,更需要有广泛的人脉,人脉是成功的助推剂。"30岁前靠能力,30岁后靠人脉。"一个人事业的成功,80%的功劳就来自人脉。职场人士掌握了职场的人脉之道,就等于找到了开启成功大门的钥匙。人脉是宝贵的资源,是无价的财富。人脉让我们的道路越走越宽。

缔造良好的人际关系,为成功搭设平台 /105

要懂得与同事分享成功和快乐 /108

不要传播小道消息 /111

经营利于晋升的人际关系 /113

睁大眼睛,找别人的亮点 /116

不要为自己设立职场"假想敌" /119

在家靠父母,出门靠朋友 /124

学会赞美别人 /127

第五章 职场的权谋

职场生存离不开与人交往,那么,如何在与人交往中保护好自己呢?职场发展离不开做事,那么,如何做事才能为自己的发展修桥铺路呢?这就需要了解职场的权谋。权谋可以说是职场生存和发展的一个重要方面,是职场不倒翁的重要法宝,更是做人做事的哲学和智慧。

职场做人要八面玲珑　/133

做好自己的事情,不要"越位"　/135

锋芒不宜太露　/139

让自己成为上司的左膀右臂　/142

沧海横流,方见英雄本色　/144

不做过河拆桥的事情　/147

远离同事之间的是非　/150

对上司进言要慎重　/153

第六章　职场的方圆之道

职场做人做事要懂得方圆之道,方是做事的原则,圆是做人的智慧,这是每一位职场人士都应该懂得的职场生存哲学。要想在职场一帆风顺,就一定要懂得方圆之道;要想做人左右逢源,就一定得学习方圆之道。方圆之道,可以说是职场人士不可不知、不可不学的一门学问。

办事果断,先下手为强　/161

不要轻信他人之言　/164

在职场不可不分是非　/167

身在职场不必事事较真　/170

让谣言不攻自破　/173

宁可得罪君子，绝不得罪小人　/176

做人要坦荡，做事要踏实　/179

第七章　职场的情理之道

　　身在职场，固然应该圆滑些，世故些，但职场利益交错，没有人是唯一的赢家。最终的赢家不过是职场情理之道中一种相互妥协。没有人可以独自成功，没有人可以离开别人的支持，职场之道，更重情理，更重信誉。职场同样具备了中国式的人情，中国式的处事方式。所以，任何一位职场人士，只有掌握了职场的情理之道，才能真正地笑傲职场。

善于表现，但是不要乱表现　/185

给下属表演的舞台　/188

收心为上，收身为下　/191

用诚心能换来忠心　/195

不要事不关己，高高挂起　/197

不做见利忘义的小人　/199

打人不打脸，揭人不揭短　/203

信守承诺，但不要轻易承诺　/207

第八章　职场的做人之道

　　做事先做人，只有学会了做人，做事才能事半功倍，真正把事做好。职场做人更难，利益交错，很多职场人士都有"人在江湖，身不由己"的感慨。不管职场如何变化，只要本着真诚的心，恪守职业道德，做到问心无愧，一定能够适应职场的风云变化。职场做事，首先从做人开始。

积极适应，勇于奉献 /213
责任心比能力更重要 /215
做错了就认错 /217
自作聪明，反被聪明误 /221
听人劝，吃饱饭 /225
明确的目标是成功的一半 /228
一定要遵守职业信誉 /230
尊重你的竞争对手 /232

第九章 职场的进退之道

俗话说："大丈夫能屈能伸"，说的就是为人处世的进退艺术。职场人士，既要有勇往直前的勇气和信心，又要有急流勇退的决绝。明白了进退的艺术，才能趋利避害，在迂回中一步一步走向成功。职场竞争激烈，利益错综复杂，只有看清局势，进退恰宜，才能演绎精彩的职场生涯，为自己的人生增添亮色！

困难前面，勇往直前 /237
当攻则攻，当守则守 /240
谨慎把握，要待机而动 /243
关键时刻，绝不缩手缩脚 /246
学会忍让与谦让，广结善缘 /249
进退之道，明退暗进 /253
进退有道，当进方进 /256
进退之中，有舍有得 /259

第十章 职场的非常之道

职场之道,无所不用其极。我们在找到安身立命之所后,则需要成功。而成功需要意志、心态等重要因素,职场的成功更离不开为人处世的智慧,只有在不断努力的同时,做好职场的人事,才能为成功打下坚实的基础。

保持好心态,才有好业绩 /265

倾注热情,成就事业 /268

勿以善小而不为,勿以恶小而为之 /270

职场的捷径——跟对上司 /273

别把自己弄得可有可无 /277

公司成长,个人才能发展 /280

会休息的人,才会工作 /283

人往高处走,跳槽需谨慎 /286

理想有多远,就能走多远 /289

关键时刻,坚持到底就是胜利 /292

>>> 第一章 职场的生存之道

  不管是热播一时的电视剧《潜伏》，还是职场人士热捧的《杜拉拉升职记》，它们中的很多观点和处世哲学，都值得每位初涉职场的人和都市白领在职场生活中去领悟和体会。"姿色中上、没有背景、教育程度良好"的拉拉的成功，个人的奋斗和投入自然是重要因素，但是，无尽的职场压力和钩心斗角，需要每一位职场人士对职场生存之道都有自己独特的见解。只有掌握了职场生存之道，才能让自己有更好的发展，获得更大的成功。

个人品牌是职场的一面旗帜

良好的个人品牌是职场人士游刃职场的一面旗帜，是职场生存之道的重要法则之一，也是职场生存的重要内容。美国管理学者华德士提出："21世纪的工作生存法则就是建立个人品牌。"他认为，不仅企业、产品需要建立自己的品牌，身处职场的个人也应该有一个良好的个人品牌。无疑，良好的个人品牌就是一个人立足于职场的一面旗帜，是在职场安身立命、事业有成的基础和源泉。

或许很多人觉得，做人和工作是不相干的，完全是两回事，这种观点是错误的，这种观点的潜台词是：一个人的品质不佳对他在职场上的成功没有什么影响。优秀的员工，必然是品格良好的人，如果一个人做人非常失败，则很难在职场中获得成功。

张涛大学刚毕业就以优秀的成绩考入了一家政府企业。刚进单位时，大家对他的印象还都不错，不管是同事还是领导，对他都抱有很大的希望。科室的同事一起聚餐，一起郊游，气氛还算融洽。但是不久，他发现自己在单位非常优秀，慢慢变得傲慢起来。对同事由最初的客气变成了颐指气使，对领导的尊敬变成了不屑一顾。

于是大家对他很快都有了看法。一份计划书，尽管张涛做得不错，但在集体讨论的时候，不仅是同事鸡蛋里挑骨头，甚至连领导都严肃地批评了张涛的计划书，指出了很多细节问题。

然而张涛并未自我警醒，反而更以怀才不遇的心态，对所有人的意见都极力反驳，对同事也横眉冷对。大家对张涛越来越冷漠，一起聚餐、郊游也不再喊他了。他在同事中的形象一落千丈，再也没有了大家的帮助和支持。他几乎成了科室里可有可无的人。他感到做事越来越不顺，压力越来越大，终于有一天，他跟科长因为计划书大吵了起来，一气之下，离开了单位。

从张涛的身上不难看出，他很优秀，但还不够优秀。为什么张涛的职场之路走得如此艰辛？因为他没有树立自己的品牌，他的盲目自大，目空一切，成了他成功的绊脚石、职场生存的障碍。

一个人的品牌，包括良好的心态、优秀的品质、不屈不挠的意志、顽强的拼搏精神、良好的工作能力和人际关系等。尤其品德，品德低下的员工，不管有多大的能力，也很难得到同事和上级的认可，更不会得到上级信任与重用。品德低下者，其能力越大，对企业造成的危害就越大，甚至给企业带来致命的灾难。有才无德的人，对任何一个企业都是不稳定因素，阻碍企业的发展，自然不会在职场受到重用，更不要说有所建树了。所以，个人品德作为职场生存的一个重要要素，无疑是值得我们重视的。

三国时期的魏延就是一个典型的例子。

魏延有万夫不当之勇，在蜀中可以说是佼佼者。智谋上，他丝毫不逊于姜维等人，就其提出的走子午谷直取魏都城的想法，更为后世的军事家、史学家所推崇。但是，纵观魏延一生，他始终没有得到重用，领兵打仗处处受约束，时时被诸葛亮控制于股掌间。这是为什么呢？原因就是魏延人品尚有不足，很难让人放心任用，最终无所建树。

同样是三国中的刘备，论智谋不如曹操，论家业不及孙权，论武不及关、张，不及吕布，却为什么三分天下有其一呢？

这是一个值得职场人士思考的问题。这就是刘备的个人品牌的影响，人称"刘皇叔"打着皇帝叔叔的旗号，打仗还带着一群难民，这样的人能不受到拥戴吗？但是虽然他潦倒半生，政治资本加上仁者风范的大旗，最终使其有所建树，不得不承认，这是个人品牌的影响，而个人品牌正是一个人在职场安身立命的根本。

当今的职场更是如此，没有一个老板、同事不喜欢品德高尚的员工，因为这样的员工是企业的宝贵财富，能在企业的生产、管理上起积极作用，还能产生良好的榜样作用带动其他员工，从而促进企业发展。

就像生产者都希望自己的产品是著名的品牌一样，职场人士更应该有自己的个人品牌意识。个人品牌是由品德、能力、人缘等因素组成的，在个人工作中显示出独特价值的个人影响力。它就像企业品牌、产品品牌一样，要有知名度，更要有诚信度。

对一个职场人来说，除了需要有超强的个人能力，更需要有高尚的人品，只有在不断提高自身能力的同时，注重培养自己的人品，才能树立自己的个人品牌，职场的拼搏才会更精彩，才能在职场立于不败之地，最终有所建树。

◆ 职 ◆ 场 ◆ 之 ◆ 道 ◆

每一位职场人士都应该在职场中树立自己的个人品牌，只有拥有了良好的个人品牌，才能在职场中安身立命，体现自己的价值，最终有所建树。个人品牌是职场生存的一面旗帜，是体现职场人士独特价值的重要内容，是在职场安身立命的根本。

珍惜你的职场信誉

俗话说"人往高处走，水往低处流"，在这个物欲横流的时代，越来越多的理由让职业人士频频跳槽，甚至连泥带根地拉走原公司的人马，怀揣原公司的"重大机密技术"投奔新主而去。他们不讲职场信誉，仅仅是为了更好的待遇、更高的职位。越来越多的职场诚信危机已经成为社会普遍关注和亟待解决的问题。

李明是一家食品公司的业务部经理，由于家庭原因，他不得不从这家公司辞职，准备在天津定居。而天津一家食品公司，得知了这一情况，急着从对手手中将这一员大将挖来，很快向他发出了邀请，并且以其原来薪金的数倍作为薪酬，但是有一个非常苛刻的条件——让他带来他在原单位的得力下属及大客户。李明毫不犹豫地拒绝了，他知道这样会使自己陷于不义之中。原公司的老总知道这件事后，并没有以升职、加薪的承诺挽留他，而是对他说："今后，无论你去哪里，我都会为你写一封推荐信。"这件事情很快在业内传开了，李明自然赢得了大家的一致称赞，邀请他加入的公司也越来越多，李明的职场信誉让这些公司的老总一致认为不能放过这样优秀的人才。

从李明的例子中可以看到，职场信誉是无价之宝，任何时候、任何条件下，也是不能丢弃的，这是职场生存的必要条件。没有了职场信誉，任何人的职场之路都不会走得顺利，相反会引来更多的猜忌和防范，制约的因素也会更多，职场之路可以说被完全堵死了。

身处这个变革的时代，各种欲望无时无刻不在诱惑着我们。尽管跳槽之路总带有些许新鲜感，但是，为此付出了太多的时间和精力，不断上路，不断回到起点，一切成绩不断归零。但是，频繁跳槽仍是很多人为达目的不顾一切的疯狂行动。

信守承诺是一条永恒不变的道德法则。一个人的职场信誉，对其将来的发展有巨大的影响。所以，职场人士，信守对你的上司、同事、顾客的承诺，是你在职场上取得成功的关键因素。

古语云：人无信不立。孔子也说：人而无信，不知其可。所以，讲信用是一个人立身、立业、立功的根本。

在《庄子》里，有尾生抱柱的故事。书生尾生和一位女子约定在桥下相会。但到了约定的时间，那位散漫的女子还没有来。正好傍晚涨潮，尾生不愿负约，只好抱桥柱被淹死。

或许，以现在人的角度来看，尾生是一个呆板、迂腐的人，但他讲信用之心，受到了世人的肯定。诚信是一个人立身之基，不守诚信，是无法得到别人的尊敬和信任的。对任何一位职场人士来说，只有时刻提醒自己讲信用，遵守诺言，才不至于滑入人生的泥淖之中。

有这样一位职场人士，他工作能力还不错，但虚荣心极强，一般大学的本科学历让他觉得很没面子。他居然为了这种虚荣心，在校园附近花200元买了个"北京大学"的假文凭，并且凭借那张假文凭混进了一家大公司，四处吹嘘他是北大学子。但是，没过多久，公司内北京大学毕业生聚会，让该君像白蛇娘子喝了"雄黄酒"——现原形了。该君自然尴尬不堪，不得不狼狈地离开了该公司。就像那句话说的："莫伸手，伸手必被捉。"其实，该君完全没有必要因为一张普通的本科文凭而自卑，更不应该为了自己的虚荣心而丧失诚信，这会对他以后的职场之路造成不可估量的负面影响。

林肯说："一个人有可能在某一个时刻欺骗某一个人或者所有的人，但绝不可能在所有时候欺骗所有的人。"诚信不仅仅是社会的基本要求、企业的根本宗旨，也是"立身之本"。而那些热衷于投机取巧、瞒天过海的人,往往是自食其果,身败名裂。

信守对公司的承诺,保持忠诚之心,保守公司的秘密,这是每一位职场人士都应该做到的,珍惜自己的职场信誉,这是你赢得老板信任和重要职位的关键因素。所以千万要记住,绝对别做对不起公司的事情,珍惜自己的职场信誉。

人无信不立。良好的职业信誉度是职场上的通行证。信守对公司的承诺,保持忠诚之心,保守公司的秘密,这是每一位职场人士都应该做到的,珍惜自己的职场信誉,是赢得老板信任和重要职位的关键因素。所以千万要记住,绝对别做对不起公司的事情。

维护公司利益

职场人士只有把公司的事当成自己的事情去办,才能充分发挥个人的能动作用,更快地获得成功。每一位成功的职场人士,都是维护自己公司利益的忠诚卫士。他们用自己的忠诚和热情,维护公司的每一份利益。那些对事业有着雄心壮志和满腔热情的员工,在做好自身工作的同时,无时不刻不在寻找证明自己的机会,扩大自己对公司的贡献。

忠诚的员工必然维护公司利益,他们把自己的利益和公司的利益紧紧挂在一起,千方百计地维护公司的利益。对任何一位老板来说,员工的能力固然很重要,但更重要的是员工的忠诚,对公司利益的积极维护,这是老板衡量员工的重要标准。毋庸置疑,老板更倾向于选择忠诚的员工,哪怕其能力稍微欠缺一些。一个员工固然需要精明能干,但再有能力的员工,不以公司利益为重,对公司没有足够的忠诚度,依然不是合格的员工。

董明珠和很多职场新人一样,有一段不轻松的打工经历。有一次,她被公司派到安徽去做销售员,她做的第一个件事是索回前任销售人员所留下来的一笔欠款。她完全可以不理会这笔欠款,重新开拓属于自己的业务,但她想:这是公司的钱,是员工们努力的成果,怎么能丢了呢?于是,她下定决心把欠款收回来。

讨过债的人都知道,这是一件非常困难的事,尤其是对女性来说。但是,困难并没有将她打倒。俗话说得好,只要工夫深,铁杵磨成针。在经过40天的斗智斗勇之后,对方终于妥协了,她成功地要回了属于公司的货款。

　　董明珠完全可以不去讨这个债，公司不会责怪她，因为这不是她造成的。但是，她在众人不解的目光中，毅然去解决这个前任所留下来的问题，因为她想到，这是公司的钱，是员工努力的成果。而这样的一个念头，就开始了她作为一个职业经理人非常成功的旅程。尽管这是一条遍布荆棘的路，但是，她成功了。

　　这就是有"中国商界铁娘子"之称的格力电器股份有限公司总裁董明珠。

　　这个故事让我们看到了一个为维护自己公司的利益、历尽艰难的职场新人的成长之路。维护公司利益就要求大家时刻把公司利益放在心上，对凡是伤害公司利益的事会像伤害自己的利益那样感到心疼。能做到这点的员工，必然能够顾全大局、维护部门利益、坚决抵制破坏公司利益或公司形象的行为，正确处理个人与公司利益的关系。

　　维护公司的利益，是衡量一个员工是否优秀的重要标准。优秀的员工，既是公司物质利益的维护者，又是公司形象的宣传者与保护者。

　　杨先生是一家保健品公司的推销员。一次他乘飞机出差，途中遇到了歹徒劫机。在空中经历了惊心动魄的10个小时之后，劫机问题终于得到解决。在飞机安全降落在机场的时候，机舱内一片欢呼。想到机舱外无数的记者和观众，杨先生就想：为什么不利用这个机会，宣传一下自己的公司呢？

　　于是，他马上找来一张大纸，在纸上写了一行大字："我是XX公司的推销员，我和公司的某某牌保健品安然无恙。非常感谢营救我们的人们！"

　　杨先生打着这样的牌子走出机舱的时候，马上就被电视台的镜头捕捉到了，他居然在这次劫机事件中成了明星，有多家新闻媒体对他进行了采访报道。

　　他回到公司的时候，董事长和总经理召集了所有的中层主管在公司门口夹道欢迎他。原来,他在机场别出心裁的举动,为公司做了一个免费广告,使得公司和产品的名字在一瞬间家喻户晓。公司的业务自然也是接踵而来,电话都快被打爆了,客户的订单更是一个接一个。董事长动情地说:"没想到,你在那样的情况下,首先想到的竟然是公司和产品。毫无疑问,你是最优秀的推销主管!"在众多员工面前,董事长当场宣读了对他的任命书:主管营销和公关的副总经理。之后,老总还特地奖励了他一笔丰厚的奖金。

这是一个值得称道的故事,一个员工刚刚摆脱危机之后,没有常人的欢呼,而首先想到公司。对于这种时时刻刻都在想着公司利益的员工,他的利益也将得到最大的满足。

要知道,维护公司利益,就是维护个人的利益。只有公司利益好,每个人的收入才能得以保障。不能一叶障目,只关注自己所得,而忽略了个人和企业不可分离的事实。

只有公司的利益得到保障,个人的利益才能得到满足。时刻想着公司利益的人,公司自然也不会忽略个人的贡献。这是每一位优秀职场人士都明白的道理,也是他们在职场能够有所建树的重要因素之一。

维护公司利益,要从实际行动着手,从身边点滴小事做起,为公司节省一度电,维护公司的形象,为公司做一些力所能及的宣传等。职场人士都应该努力用心去维护公司的运转,不能让自己成为企业运营路上的绊脚石。适应公司整体前进的步伐,为公司的发展做出自己的贡献,奉献自己的光和热。

为自己"充电",用知识武装自己

在这个知识爆炸的时代,科技发明眼花缭乱,生产和工作方式日新月异。在这个时代,有两种人:紧随时代潮流的人,被时代潮流淹没的人。越来越多的娱乐项目走进了人们的生活,很多人把业余时间用在了娱乐上,而忽视了学习"充电",这必然会无法跟上时代的潮流,最终被淘汰。

"用知识武装自己",这不是一句空话,而是现代社会的需求,是职场生存的必要条件。没有了学习,自然就会很快落伍,下岗、失业当然也就不会远了。

有这样一则寓言。

有两个人在森林里过夜。第二天醒来的时候,一头老虎突然从森林深处跑了出来。有一个人赶忙穿自己的球鞋,另一个人边跑边说:"你这个时候穿鞋还有什么用?你能跑过老虎吗?"忙着穿鞋的人说:"我不需要跑过老虎,我跑过你就可以了。"

相信很多朋友读完这个故事都哑然失笑,但故事的寓意又让人肃然警醒:身处职场,如果我们不能不停地学习"充电",那么迟早就会被时代淘汰,成为那个没有穿鞋子的人。

对任何人来说,知识都是无价的财富,是走向成功必备的资本,是人生价值保障。不管过去还是现在或者将来,知识都是成功的保证。很多职场人士,下班后重返课堂,业余时间出入"充电"场所,提高了自己的工作能力,赢得了老板的赏识和重用。

小王和小赵是邻居，两个人又是高中同学。高中毕业后两个人都因为家庭经济困难，选择外出打工。自小从农村长大的他们第一次到北京，被这个美丽的城市给征服了。两个人约定：不管多苦多难，一定要在北京立足。两个人同时去一家工厂应聘，一起被录取。工资不高，不过工厂管吃管住，不用为吃住发愁，还有几百元的剩余，两个人决定留下来。工厂的工作倒不算累，上完班，没有加班任务的就回宿舍休息，或者一群年轻人去市里转悠。

过了几个月，小赵决定学点东西，选择了当时最热门的计算机。小王选择了加倍努力工作，增强自身的工作能力。小赵没有报学习班，而是花钱从旧书摊上买了一些相关的书，买了成套的学习资料。白天上班，晚上在工友们打牌、瞎逛的时候，他在昏黄的灯光下看书。休班的时候，小赵就到在中关村上班的朋友那里帮忙，有机会就用老乡的电脑练习，逐渐熟悉了电脑的组装和一些软件的应用。

一年之后，小王因为工作能力突出，工资长了30%，得到了车间主任的认可，作为重点培养。小赵则从工厂走了出来，通过自己的努力，找到了一家大公司，做局域网维护以及公司网页的设计，电脑问题也由小赵解决，工作轻松，薪水也比小王高出一大截。

俗话说：活到老，学到老。对每一个人来说，"充电"是一项不断完善自身、逐渐适应社会的个人工程。特别是大学生，并不是大学毕业后就不需要再学习了，从学校走出来踏上工作岗位，是事业的起步，同时也是"充电"的开始。业余时间"充电"越早越好。

职场之道

对职场人士来说,"充电"是一种长远的人生准备,是精力、时间、金钱的投资性付出,是提高型的投入。"充电"像储蓄一样,有了"准备金"后的发展将会制造更大的赢机,这也是职场人士生存的重要内容。"不谋万世者,不足谋一时;不谋全局者,不足谋一域","充电"是对自己进行职业规划、人生规划的重要内容,不断充电,才能笑傲职场。

做一棵不断成长的小树

职场生存不是做好自己的工作就可以了，抱着"做一天和尚撞一天钟"的心态去工作，自然无法捧好自己的"金饭碗"，只有在工作的同时，不断成长，让自己成为一棵和工作一起成长的小树，才能在职场安身立命，有所建树，长成一棵参天大树。

不管做什么工作，原地踏步无疑是一种退步，更何况在竞争日益激烈的今天。和工作一起成长，就要明白自己需要做什么，怎么做，最终做成什么样，有自己的职业规划，并在工作中遵循规划，使工作能力、职业竞争力不断提高。和工作一起成长，就要把从事的每份工作都看做是学习的机会，看成自己学习锻炼的一次经历，这样才能不断提高自身的能力，在职场中站稳。

做好自己的职业规划，在工作的每一天都勤奋努力，和工作一起成长，这个过程是实现梦想的过程。有梦才会更努力，成长壮大，实现职业理想。

李高是浙江古越龙山绍兴酒股份有限公司第二酿酒厂外贸坛酒车间主任兼技师，在自己热爱的工作岗位上工作了十余年。当年他曾是整个集团公司最年轻的车间主任。"一个人只要肯学、肯钻、肯吃苦，什么事都可以做成功。"这是李高职业生涯中的座右铭。

李高1991年进入公司。他出身酿酒世家，对黄酒酿造有丰富的经验和熟练的技术。最初，李高在公司第一酿酒厂机械化黄酒生产车间做学徒。白天工作的时候，在师傅们的指点下，他忙碌于发酵罐间，认真钻研酿酒基础知识;晚上,再向父亲请教工作中碰到的问题。

勤奋的他很快掌握了扎实的酿酒技能。他肯吃苦、肯学习,工作认真负责,很快就得到了提升。1996年,李高被提为车间副主任兼技工,一年后又被任命为车间主任,当时他年仅26岁,成为整个集团公司最年轻的车间主任。

本着不断学习的态度,李高积极参加各类学习培训。通过自学,他先后获得了中专文凭、大专文凭,还取得了"酿酒技师"职称。李高说:"一个人做好本职工作,不是为荣誉,而是因为在工作中可以学到很多东西。人的一生要不断地学习,在学习中才会不断进步……"

在工作中学习,在工作中成长,李高就像一棵小树,在学习和工作中,不断得到修枝剪叶,很快长成了一棵参天大树。对于勤奋的人来说,工作就是学习,就是成长。"只要工夫深,铁杵磨成针"。任何职场人士,只要在工作中不断学习和进步,就一定有所发展。

人往高处走,水往低处流。一位职场人士,如果一直在一个职位上原地踏步,那么,用不了多长时间他在职场竞争中就会处于弱势。今天不努力工作,明天努力找工作。这句话不是危言耸听,一个职场人士如果不能和工作一起成长,那么他很快就会在日益激烈的竞争中被淘汰。和工作一起成长的人,会随着个人工作能力的提升,获得更广阔的发展空间!

没有比脚更长的路,没有比人更高的山。做好职业规划,和工作一起成长,我们的心能想多远,我们的路就能走多远。只要在工作中不断成长,我们走过的每一条小径两旁就会遍地花开,漫野花香。手里没有花,但是心中有,而且散发出来的花香更迷人,更持久。不妨把自己想象成一颗成长的小树,那么,工作就会成为我们的乐趣,职场中我们就可以拥有更广的天地。

大处着眼，小处着手

老子云："天下难事，必做于易；天下大事，必做于细。"从小处做起，以自己的立场做事，以公司的角度想问题，才能做好工作，才能在职场有发展的空间。这就是我们常说的大处着眼，小处着手。

合抱之木，生于毫末；九层之台，起于累土；千里之行，始于足下。立足于身边的小事，看似微小，其作用却在长期的工作中得到体现。大凡成就大事业的人，往往更注重小事，从小事入手，大处着眼，这是他们成功的重要因素。

王永庆早年家贫，读不起书，只好去米行里做伙计。他做伙计期间留心观察各种进进出出的人，尤其是老板谈生意时，他特别留意。他还暗暗积累资金，希望有朝一日能自己开店。

1932年，年仅16岁的王永庆从老家来到嘉义开了一家米店。当时，小小的嘉义已有近30家米店，竞争非常激烈。王永庆仅有的200元资金，只够在一条偏僻的巷子里租一个很小的铺面。他的米店开办最晚，规模最小，更谈不上知名度，没有任何优势可言。刚开张时，生意冷清，门可罗雀。

王永庆也曾背着米挨家挨户推销，但效果不太好。

怎样才能打开销路呢？王永庆经过认真分析和思考后认识到，要想米店在市场上立足，自己就必须有一些别人没有或做不到的优势才行。仔细观察和思量之后，王永庆决定从提高米的质量和服务上找突破口。

20世纪30年代的台湾省，农村还处在手工作业状态，非常落后。人们在做米饭之前，都得淘米，很多不便，但都习以为常，见怪不怪。

王永庆却从这一司空见惯的现象中找到了商机。他带领弟弟一齐动手，不辞辛苦，不嫌麻烦，一点一点地将夹杂在米里的秕糠、砂石之类的杂物捡出来，然后再出售。这样，王永庆米店卖的没有杂质的米深受顾客好评，米店的生意也日渐红火起来。

在提高米质初见成效的同时，王永庆在服务上也更进一步。当时，买米都是自己运送回家。这对于年轻人不算什么，而对于上了年纪的老年人，就不方便了。但是当时年轻人整天忙于生计，且工作时间很长，买米的任务只能由老年人来承担。王永庆注意到这一点，于是送货上门。这一方便顾客的服务措施，大受顾客欢迎。

当时还没有送货上门一说，增加这一服务项目是一项创举。

送货上门也有很多细节工作要做。即使是在今天，送货上门充其量是将货物送到客户家里并根据需要放到相应的位置就算完事。那么，王永庆是怎样做的呢？

每次给新顾客送米，王永庆都记下这户米缸的容量，问明有多少人吃饭，有多少大人、多少小孩，每人饭量如何，据此估计该户人家下次买米的时间，记在本子上。到时候，不等顾客上门，他就主动将相应数量的米送到客户家里。

除此以外，王永庆给顾客送米，还要帮人家将米倒进米缸里。如果米缸里还有米，他就将旧米倒出来，将米缸擦干净，然后将新米倒进去，将旧米放在上层，这样，陈米就不至于因存放过久而变质。王永庆精细的服务令不少顾客深受感动，赢得了更多顾客。

不仅如此，在送米中王永庆还了解到，当地居民大多数家庭都以打工为生，生活并不富裕，许多家庭还未到发薪日，就已经囊中羞涩。由于王永庆是主动送货上门，要货到收款，有时碰上顾客手头紧，一时拿不出钱，会弄得大家很尴尬。为解决这一问题，王永庆采取按时送米，不即时收钱，而是约定到发薪之日再上门收钱的办法，解决了即时收款中可能会因对方手头紧而出现尴尬的问题，极大地方便了顾客，深受顾客欢迎，使那些接受服务的客户，都成了王永庆的忠实客户。

王永庆精细、务实的服务，使嘉义人都知道在米市马路尽头的巷子里有一个卖好米并送货上门的王永庆。有了知名度后，王永庆的生意很快红火起来。这样，经过一年多的资金积累和客户积累，王永庆便自己办了个碾米厂。他在离最繁华热闹的街道不远的临街处租了一处比原来大好几倍的房子，临街的一面做铺面，里间做碾米厂。就这样，王永庆从小小的米店生意开始了他后来问鼎台湾地区首富的事业。

事业发展壮大后，王永庆管理企业同样注重每一个细节。他的部属深深为王永庆精通每一个细节所折服。当然也有不少人批评他"只见树木，不见森林"，劝他学一学美国的管理，抛开细节只管大政策。针对这一批评，王永庆回答说："我不仅做大的政策，而且更注意点点滴滴的管理，比如操作人员的技术、方法，机械的配置等。道理很简单，因为它们都会影响生产力。如果对这些细枝末节进行研究，就会细分各操作动作，研究是否合理，是否能够将两个人操作的工作量减为一个人，生产力会因此提高一倍，甚至一个人兼顾两部机器，这样生产力就提高了四倍。"

王永庆认为，正是这种对细微之处的了解，才能真正提高管理水准。他认为美国的管理太老了，他们只重视"面"和"线"，而忽视了"点"。他认为管理最大的问题还是在"点"上；各事物的基本问题也是在"点"上，只要"点"做到真正完善，那么"线"和"面"也简单了。

王永庆成功的例子说明小事虽小，但是做好了依然是一件大事。做大事并不一定要轰轰烈烈，惊天动地，注重工作中的细节改革、调整同样是做大事。"细致到点"，从小处着手，寻找机会，这就是王永庆成功的秘密。

细微之处见精神，有时微不足道的小事也可成为影响成败的关键。一位成功学家说："一个书桌上堆满了文件的人，若能把他的桌子清理一下，留下待处理的工作，就会发现他的工作更容易些。这是提高工作效率和办公室工作质量的第一步。"学做小事,在老板看来也许是填缺补漏,但时间长了,你考虑事情周到、工作扎实的作风就会深深地印在老板心中。试着多做一些小事,而这些看似微不足道的小事,往往会成为你升职的阶梯。所以,工作中的任何事情都值得我们全神贯注地去做。

每件事情都值得我们去做,不要小看自己所做的每一件事。做好小事,是一种功夫,是一种成功的素质。"认真做事只是把事情做对,用心做事才能把事情做好。"工作中几乎没有大事,无非都是些繁琐细小的事务。但繁琐不能怕麻烦,细小不能忽视。要本着对公司负责,对工作负责的态度,认真做好自己的工作。只有做好了眼前的小事,才能提高做事的效率。做好身边的每一件小事,把它看做是人生的使命和荣耀,那么你的职场之路一定会一马平川。

倾注热情，让工作变得有趣

俄国伟大的文学家托尔斯泰说："一个人若是没有热情，他将一事无成，而热情的基础正是责任心。"在当今充满了挑战和机遇的时代，只有倾注更多的热情，才能抓住机遇，从而干出一番轰轰烈烈的事业。

比尔·盖茨的微软公司能够在IT世界傲视群雄的一个重要因素，就是公司所有员工所不可缺少的素质，即对工作的热情和激情。

比尔·盖茨有句名言："每天早上醒来，一想到所从事的工作和所开发的技术将会给生活带来的巨大影响和变化，我就会无比兴奋和激动。"比尔·盖茨的这句话表明了他对工作的热爱和激情，而且他的微软公司在聘用人时宁愿任用失败的人，也不愿任用对工作没有激情的人。

微软在对应聘人员面试时有一个名为"挑战"的测试。被测的人会拿到一个没有标准答案的试题，例如：如果在没有秤的情况下，如何测出一架喷气式飞机的重量？答案当然不是唯一的，在整个面试过程中，考官会对被测试者的答案进行不断地反问，如果被测试者能够运用自己的逻辑思维为自己的答案进行辩护，并连续挫败两次"挑战"时，才算通过。而如果被测试者不断地改变自己的答案，那么他的得分将是零。这个测试是为了验证其是否对工作有无限的激情，一个没有激情的人会对自己的答案不断地放弃、不断地改变，而这样的人绝对不会被录取。而一个对工作充满激情的人将始终坚持自己的立场观点，只有这样的人才能被录用。在比尔·盖茨看来，一个优秀的员工，最重要的素质不是能力、责任或其他（尽管它们也不可缺少），而是对工作要充满热情。

对工作有兴趣，工作才会快乐。兴趣是最好的老师。当你热爱你的工作，把它当做生活的乐趣时，就不会再觉得工作是负担，就不会再觉得又苦又累。法国哲学家卢梭说："每一项工作中都蕴藏着说不尽的乐趣，只是有些人不知如何去发现它们而已。"任何一个人做任何一份工作，都有他独特快乐的地方，只有当人们在享受这种快乐的时候，才可以把工作做得更好。因此，我们应当学会快乐地工作，在积极进取中锻炼自己，提高自己的能力和素质，创造出辉煌的业绩。

任何一位职场人士，想在职场立足，有所建树，只有倾注自己的热情，让工作成为乐趣，才能在职场为自己开拓更广阔的生存空间。

美国著名播音员格兰汉姆·麦克奈米最初只是一个没有名气的歌手，一度穷困潦倒，连维持自己的生计都非常困难。一天，他看到一家广播电台的标语，心想，或许广播电台需要一位歌手。于是，他满怀热情地来到电台经理办公室，跟经理交谈起来。经理没有丝毫犹豫就拒绝了他的请求。尽管遭到回绝，但他没有离去，而是问了经理一些广播事业中的运行机制。经理见他对这广播业确实有兴趣，而这家电台确实也需要一个播音员，于是便决定让他试一试音。

麦克奈米虽然没有找到合适的岗位，但他依然满怀热情地试了音，十分钟后，经理决定聘用他。就这样，他步入了广播事业，并取得了令人瞩目的成就。假如当初他没有足够的热情，或许他的生活就不会有变化，最终只能潦倒终生。

我们不能把工作只看做是获得薪水的职业，如何工作是一个态度问题，工作需要积极进取、自动自发、努力勤奋、充满激情的精神。有了热情，工作起来才会精力充沛、干劲十足。一个对工作缺少热情的员工永远不会成为一个优秀员工，他无法做到始终如一地高质量地完成自己的工作，更别说创造业绩了。

在实际工作中，一个对工作缺乏热情的人将会变得老气横秋，精神委靡，无所作为；一个单位、一个领导班子如果缺乏热情，就会缺乏凝聚力、削弱执行力、失去创新力，甚至变成一潭死水。只有充满热情才敢于应对挑战、直面困难、承受挫折。在这个竞争激烈、强手如云的时代，在这个快速更新、你争我赶的时代，要想做到与时代脉搏合拍，跟上潮流，最重要也最根本的就是要带着热情去工作。

让我们对生活、对工作充满无限的热情吧！只有这样，我们才能始终保持朝气蓬勃、积极向上、奋发有为的精神状态，只有这样，才能有坚韧不拔的意志，在困难面前不低头，坚持到底、永不言败的拼搏精神。我们只有把热情带入工作，才会发挥出自己最大的创造力，撑起美丽的人生。

职场之道

身处职场，没有一定的热情，自然无法适应激烈的竞争。而燃烧的热情，能够更大限度地激发潜能，不断提高层次，跻身一流员工的行列，为自己开拓更广阔的生存空间，最终有所建树。记住：人的潜能，只有在热情中才能得到充分发挥。

扩大"承担圈",放大"成功圈"

在职场,要想做出成绩,仅仅做好自己"分内事"是远远不够的。纵观那些在职场取得成就的人,他们在做好"分内事"的同时,还做了一些"分外事"。这些"分外事"正是他们价值上升的阶梯,也为他们在职场生存奠定了更坚实的基础。

美国有一位年轻的铁路邮递员。刚工作时,他和其他邮递员一样,用陈旧的方法分发信件,大部分信件都是凭着这些邮递员不太准确的记忆挑选后发送的。这就造成了很多信件因为人的记忆出现差错而耽误几天甚至几个星期。

这位年轻的邮递员开始寻找新办法。经过长期的观察和总结,他发明了把寄往同一地点的信件统一汇集起来的方法。而这样一件小得不能再小的事情,却大大地改变了信件的传递效率。他的方法和计划很快引起了上司的注意,他获得了升迁。五年以后,他成了铁路邮政总局的副局长,不久又被升为局长,从此踏上了美国电话电报公司总经理的仕途。

他的成功就是因为多想了一些事,多做了一点儿"分外事",就是这一点儿"分外事"成了他一生中意义最为深远的事情,成为他职业生涯的转折点,使他一步步走向成功。

西方有句名言:"多走一里路,交通不堵塞"。用在职场中,就是多做一些"分外事",使自己在职场中一路畅通。

麦克进入出版公司之初,是一名普通的文字加工者。他一直有一个梦想,就是成为作家。于是,在做好"分内事"的同时,他开始经常帮助编辑写一些东西，帮助编辑做一些市场调研工作。渐渐地，他充分掌握了市场需求和写作技巧，一步步朝着梦想前进，终于成为著名的作家。

没有人是天才，每个人都有自己的不足。多种技能是在工作和学习中获得的。但仅仅埋头做好自己的本职工作，对技能的提高是非常有限的。要想在职场有所发展，有所建树，就很有必要做一些"分外"的事。

卡洛·道尼斯先生在汽车制造商杜兰特那里打工的时候，是一名办公室文员。工作一段时候后，他发现，当所有的人每天下班回家后，杜兰特先生仍然留在办公室直到很晚。因此，他每天在下班后也留在办公室看资料。没有人请他留下来，但他认为，应该留下来，以便为杜兰特先生随时提供一些力所能及的帮助。

从那以后，杜兰特在需要人帮忙时，总会发现道尼斯就在他身旁。于是他养成了随时招呼道尼斯的习惯。渐渐地，道尼斯就成了杜兰特的左右手。杜兰特对道尼斯信任有加，最终把他培养成自己下属一家汽车经销公司的总裁。道尼斯之所以能够在很短的时间升到这么高的职位，正是因为他提供了远远超出他所获得报酬的服务。

社会在发展，公司在成长，个人的职责范围也随之扩大。如果一个人只拥有一项技能，而且掌握得还不够熟练，那么，这个人在社会上就很难立足。面对"分外"的工作，不妨伸出手，并把"做分外事"当做人生成功的催化剂。

做好"分内事"的同时，多做一点"分外事"，这样才能为自己争取更多的机会，才能学到更多的东西，从而在职场有所建树。扩大"承担圈"就等于放大了自己的"成功圈"。所以，对于那些有志于在职场中有所建树的人来说，不妨考虑多去承担一些"分外事"。

职场之道

对每一位职场人士来说，多做一点"分外事"，就多了一分成功的机会，只有不断进步，才能获得更广阔的职场生存空间。主动多做一些"分外事"，多承担一些事情，扩大"承担圈"，才能放大自己的"成功圈"。多做一点"分外事"，积少成多，为自己开拓更广阔的生存空间。也许就在不远的将来，你的老板会把一封升职信放到你的桌子上。

靠山重要，自己的价值更重要

身处职场，很多人认为，有一个稳固的靠山是职场生存的必要条件。靠山固然很重要，有一个稳固的靠山，可给自己诸多便利，但比靠山更重要的还是自己的价值。只有自己具有独特的价值，才能受到上司的重视，才能真正在竞争、利益纷争的职场立足。

在职场中，上司最信任的是自己的左膀右臂。而在职场立足的根本，是自己有价值，要在职场有所建树，获得上司的信任，因此，每个人都要努力成为上司的左膀右臂，让上司看到自己的价值。

1952年前后，日本东芝电气公司积压了大量的电扇卖不出去，公司的发展一时受挫。公司7万多名职工为了打通销路，费尽心机想了不少办法，但是依然没有取得太大的进展。

而这个时候，一个小职员想到了一个办法，那就是改变电扇的颜色。于是，这名小职员向当时的董事长石坂提出了改变电扇颜色的建议。当时全世界的电扇都是黑色的，东芝公司生产的电扇自然也不例外，这个小职员建议就是把电扇的颜色改为浅色。

石坂董事长听到这个建议之后立刻就重视起来，经过研究，公司果断地采纳了这一建议。在第二年的夏天，东芝公司一批浅蓝色的电扇推向市场，受到顾客的青睐，一度出现了抢购热潮，几个月之内就卖出了几十万台。而这个小职员，自然也受到了董事长的格外信任，很快就升职加薪受到重用了。

当很多人都在忙着寻找自己的靠山的时候，你不妨在工作上多花些心思。任何上司都喜欢辛勤工作的员工，而不是四处钻营，不安心工作的员工。

有这样一个故事。

一名中国学生，以优异成绩考入美国的一所著名的大学。但是，由于漂洋过海，身处异国他乡，加之水土不服等原因，这个学生入学不久就病倒了。雪上加霜的是，他的生活费也所剩无几，生活窘迫，濒临退学。尽管他只要给餐馆打工一小时可以挣几美元，坚持下来足以让他生活下去，但是，他嫌累不愿干。

几个月后，他的生活费仅够买一张回国的机票。正值学校放假，他决定回家，然后退学。回到故乡后，他年过花甲的老父亲亲自到机场接他。他看到父亲便兴高采烈地跑过去，他的父亲看到儿子也非常高兴，张开双臂要拥抱儿子。就在儿子要拥抱父亲的一刹那，父亲却突然大大地向后退了一步，孩子扑了一个空，一个趔趄摔倒在地，他对父亲的举动深为不解。

父亲拉起倒在地上的孩子，若有所思地对孩子说："这个世界上没有任何人可以做你的靠山，当你的支点。如果你想在激烈的竞争中立于不败之地，任何时候都不能丧失那个叫自信、自强、自立的生命支点，一切全靠你自己！"父亲说完，给了孩子一张返程的机票，头也不回地离开了机场。

这个学生明白了父亲的话，很快登上返校的航班。不久之后，他通过自己的勤奋，获得了学院里的最高奖学金，还在具有国际影响的刊物上发表了几篇论文。接下来的几年，他在美国完成了学业，创建了一家自己的公司，在异国他乡完成了自己的一个个梦想。

在这世界上，不管一个人出生在什么样的家庭、有多少财产、有什么样的父亲、什么样的地位、有怎样的亲朋好友，都不是最重要的，重要的是不依靠他人，才能在千难万难中创造自己精彩的人生。

一代大教育家陶行知先生有一首诗："滴自己的血，流自己的汗。自己的事情自己干，靠天靠地靠老子，不算是好汉。"职场又何尝不是如此，与其千方百计地寻找靠山，不如多花点心思在工作上，发挥自己的特长，让上司看到自己的价值，这才是在职场立于不败之地的根本，也是职场生存的重要法则。

或许你没有显赫的身世，没有足够的关系，没有靠山，既然步入职场，目的就是生存，就是发展。没有靠山没有关系，自己做自己的靠山。没有什么比自己的价值更可靠，更稳固。做自己的靠山，在职场中开拓出一片自己的天地！

>>> 第二章 职场的利益之道

身处职场,最关注的无非是"利益"。升职加薪是每一位职场人士的渴望,也是对辛勤工作和出众业绩的奖励。职场,到底还是一个利益场。所以,赤裸裸地追逐利益也是对的。这就需要了解职场的利益之道,用正确的职场观来维护自己的利益,在角逐中立于不败之地!

用业绩来争取利益

在职场，不管你在别的方面表现得多么出色，只要你拿不出令人信服的业绩，一切都是徒劳的。衡量优秀员工的重要标准就是良好的业绩。在现代企业，以业绩评价员工已成为共识。

加拿大渥太华有一家宾馆的主人叫汉夫特。汉夫特以"懒惰"著称，只要是能吩咐手下做的事情，他绝对不会自己去做。尽管宾馆业务繁忙，但是汉夫特整天悠闲自在。有一年圣诞节，他让宾馆全体员工分别评选出10名最勤快和10名最"懒惰"的员工。汉夫特把10名最"懒惰"的员工叫到他的办公室。这10名员工忐忑不安，以为老板要炒他们鱿鱼。但是，让他们意外的是，一进门，汉夫特就说："恭喜各位被评为本宾馆最优秀的员工。"

这10名员工面面相觑，看到员工的表情，汉夫特微笑着解释道："根据我观察，你们的'懒'突出表现在总是一次就把餐具摆到餐桌上，一次把客人的房间收拾干净，一次把工作做完，所以，在其他员工的眼中你们每天大部分时间闲着，无所事事。但是，在我看来，最优秀的员工无一例外都是'懒汉'，'懒'得连一个多余的动作都不去做。而大多数员工看起来是很勤快，整天忙忙碌碌，不在乎把力气花在多余的动作上，做一件事不在乎往来多少趟，花多少时间，如此能有效率吗？"

或许，很多人都觉得汉夫特的行为不可思议，这并不意外，因为很多人一直没有弄懂工作追求的是什么。

有人做过一个调查，问过许多公司的管理者：什么是他们评价员工的标准？无一例外的是，这些管理者都毫不犹豫地给出了同一个答案——业绩。

考核员工能力的标准是业绩。唯有你的业绩才能体现你的价值，让你得到应得的报酬。考核领导能力的标准，是领导的业绩；企业只会看重领导取得的业绩，除此之外，别无其他。考核企业综合实力的标准，是企业所取得的业绩，股东、公众、国家都是通过察看企业年终收益来判断成功与否。

老板要的是结果。老板雇用员工不是用来欣赏对方做事的过程，而是要他为公司创造效益。所以，职场人士，在工作上的任何努力，都应该只有一个目的，那就是不断地提升自己的业绩。这是企业对员工的要求，同时也是市场对企业的要求。

小廖是一位来自偏远农村的大学生，家庭经济状况非常差，但小廖学习非常认真刻苦，为人也很诚恳。然而，他非常自卑，无法正视自己既来自农村又贫穷的事实，以至在很多方面总是刻意地掩饰自己。很多时候，与城市的同学竞争，他往往不战而退。他充满了恐惧，担心一旦失败了，就会遭到别人的耻笑。

大学毕业后，小廖去一家广告公司做文案。工作上他积极进取，在与别人竞争的问题上，依然是退避三舍。不喜欢争强好胜的他，只是简单地认为把自己的本职工作做好，业绩好了，自然就会赢得老板的赏识。保守的小廖，自然无法发挥他的全部才能。他把自己隐藏起来，有时候遇到发挥才能的时候，他就在心里说："我不行的，失败了会很丢脸的。"就这样，一年过去了，小廖依然在文案的位置上，没有升职的机会。

有一次，小廖所在的广告公司与一家中德合资公司洽谈一项业务。当老板带着他们几个下属风尘仆仆赶到会谈地点的时候才发现，对方人员只有几位德国人。面对这种情况，老板一时急得不知所措，甚至都不知道怎么打招呼了。小廖懂德语，但是，这些会谈他没有发言的权力，他本不想出风头。但是，看到老板一筹莫展的样子，他不忍心看着公司的一大笔订单泡汤，毕竟里面还有自己的心血。于是，他决定帮老板解围。小廖走到老板跟前，轻声说道："老板，让我去试一试吧！"

老板看到小廖毛遂自荐，很惊讶地注视着他说："你去？"

"是的，我去。"小廖点头答道。老板将信将疑，不过也没有别的办法，死马当活马医吧。于是他决定让小廖去试试。但是，还是再三叮嘱他说，如果不行就不要硬撑，要赶快住口。

小廖答应了，就和老板一起走到客户面前，主动同他们用德语亲切而自然地交流起来。客户见小廖竟然能够说一口流利的德语，顿生敬佩之情。双方拉家常般地说了很多，然后顺利签订了合同。看着对方在合同上写下最后一个字，老板悬着的心才落了下来。这个时候，小廖在老板眼中不再是以前那个默默无闻的员工了，而是公司那一千万元合同的救命恩人，是一个有办事能力的员工了。老板看到事情圆满解决了，非常高兴，也很惊讶，没有想到自己身边竟有如此人才却没有发现，于是回去后就埋怨起自己来。

几天后，小廖被老板任命去组建外事部，外事部的一切工作都由他一个人全权负责，另外，一年以后，老板又提升他做了公司副总。

小廖经常感叹，在职场上重要的是如何战胜自己，从而激发自己的能力，有成绩才会受到重用，才能真正地维护自己的利益。如果不是当年挺身而出，现在他依然还是那个默默无闻的小职员。

职场需要的不是无名英雄，而是轰轰烈烈的战将，含而不露并非真英雄，而是对自己能力和价值的亵渎和不尊重，更是对自己和对领导极不负责任的表现。因此，要成功，就要展开自己生命的画卷，发挥自己的能力，不要依赖别人。

职场之道

职场需要的不是无名英雄,而是轰轰烈烈的战将。不管你跑也好,跳也好,你到达了目的地就是成功。在公司里,你只有在相同的环境、相同的条件下,创造出更多的业绩,才能得到老板的赏识和器重。今天是以业绩论英雄的时代,业绩代表了能力,代表了价值,代表了他人的尊重和信任。

不让利益诱惑你的心

对于任何一个老板来说,公司里最重要的是人才。"21世纪什么最贵?人才!"电影里的一句话,道出了所有老板的心思。21世纪的竞争,归根到底是人才的竞争。人才是一个企业发展力和竞争力的体现,可以说,一个优秀的员工就是企业的一锭纯金,正是无数纯金的竞相闪耀,才映出了企业无上的光辉。但是,如果金锭没有忠诚的烙印,身在"曹营"心在"汉",那么,它将为谁闪光?没有忠诚的表现,老板如何能放心地给你重任?而表明一个员工是否忠诚就是看是否为利益所动。很多职场人士在高额回扣,在高薪面前,毫不犹豫地背叛了公司,这样的员工又怎么能让老板放心呢?一个优秀的、值得老板信任的员工是不会为利益所动的,对他们来说,公司的利益就是自己的利益。只有这样的员工才会受到老板的信任和重用,才能获得更长远的利益。

阿军从财经大学毕业后,进了一家民营企业。凭借自己的突出才能,他很快成了公司的业务骨干。这家公司经营机制比较灵活,非常注重对员工的再培养。每年公司都会选一些员工到名牌高校参加培训,而阿军却一直没有这样的机会。为此,阿军找到了平时关系不错的某部门经理王某诉苦。王某说:"怎么说呢,你的确很优秀,但你给老板的印象很不安定。虽然你是难得的人才,但是你在我们公司工作的时候却又盯上了别的公司。你说老板能放心把你送去培训吗?"阿军听了顿时醒悟,原来这都是自己暗中接洽其他公司惹来的麻烦。

其实在职场中,有着阿军这样遭遇和困惑的人不在少数。从理论上来说，员工和企业之间的选择是双向的。员工勤勤恳恳为企业工作，企业快快乐乐为员工付薪。企业需要人才来推动，但人才又怎能离开企业这个平台呢？身在"曹营"心在"汉"，即使再优秀的人才，再闪光的人才也不可能照亮所有的企业。当你真正表现出你不仅是人才，而且忠于老板时，老板才会更放心地在你身上付出更大的代价，培训、高薪、升职，不是水到渠成的事情吗？

现在这个社会充满了各种诱惑。好环境、高工资、广阔的发展前景，说不定什么时候就可能掉进陷阱。诱惑随时可以让一个人背叛自己信守的道德和原则。很多公司都有这样的员工。他们为了一己之私，不顾老板和企业的利益，将企业的商业机密出卖给别人。虽然这样做能获得一时利益，但长期下来，损害的将是自己的职业声誉和前途。

春秋时期，宓子贱担任鲁国的单父宰相。一次，齐国的军队要去攻打鲁国，单父是必经之地。

城中的百姓们听到齐国要进攻的消息，都对宓子贱说："现在麦子已经成熟，很快就该收割。但是，齐国军队马上就要行军到这里了，自己收割自己的麦子不可能了，请您让我们一起出城集体收割麦子，这样我们可以收割到自己的粮食，而不会资助齐国人，可以说是一举两得。"

宓子贱听后没有做任何决定。很快，齐国的军队路经此地后将麦子抢收了。鲁王因为这件事非常恼火，质问宓子贱为什么不去及时收麦子。宓子贱对鲁王说道："虽然今年的麦子已经没有了，但是我们明年还可以再种。我们如果在齐国的军队到来之前，让全城的百姓去收麦子，必然会出现哄抢的现象，其中势必会有不劳而获者，如此下去，我们的百姓定然会产生惰性，他们不去种地而整天希望敌国军队犯境，长期下去，鲁国很快就会衰落下去。单父国的麦子对整个鲁国来说只是九牛之一毛，它的丢失不会让鲁国遭受多少损失，但是，假如我们将不劳而获的思想衍生出来，那将会有几代人因为那点麦子而受害啊！"

很多时候，我们要学会放弃眼前的小利，才能获得长远的大利。尽管眼前的利益常常难以割舍，但如果为了眼前和个人利益而不考虑长远利益，就不会获得大利，贪图小利无异于饮鸩止渴。

身处职场的人士，只有不为眼前的小利所动，才能获得长远的大利益。只有维护公司的利益，才会受到老板的信任和重用，才能保证自己的利益。只顾眼前利益，甚至不惜背叛公司的人，会因一时的利益损害长远的利益，是得不偿失的。

每位职场人士都会面临利益的诱惑。在诱惑面前要坚定职业目标，全力维护公司和老板的最大利益，才能获得长远的利益。

做人要低调，别抢上司的风头

身处职场，不能犯颜抗上，更不要抢上司的风头。一般来说，大多数人是不会愚蠢到与上司抢风头的地步。但是，抢上司的风头并不全在工作上，与工作无关的其他细节上也容易成为禁区。

在职场中，你表现得非常出色，但是，不知道为什么上司突然对你很冷淡。没有无缘无故的恨，上司对你突然冷淡，你就要小心了，很可能是因为你在工作以外的某个细节上犯了忌，比如，一不留神就抢了上司的风头。

有一个出身知识分子家庭的女孩，年轻、漂亮、单纯、书卷气很浓、富有爱心，毕业后到一家金融机构总经理办公室做文秘。她工作努力，人缘不错，总经理也常常夸奖她。"六一儿童节"时，公司发起了为失学儿童捐款的活动。她是教师子女，对失学儿童非常同情。以前，她也经常将自己微薄的零花钱和生活费捐献出去。现在，她参加工作了，更认为责无旁贷，于是毫不犹豫地捐献了500元，仅次于总经理、几个副总和部门负责人。因此，她得到了公司的表扬。

不久，全国多处暴发了罕见大洪水。公司积极响应社会的倡议，组织为灾区居民募捐。在募捐之前，办公室组织大家看了受灾地区的电视录像资料，画面上那些灾民的苦难深深地触动了这位女孩，她流下了同情的眼泪。于是，她拿出了当月的全部工资2500元。

第二天，公司大厅门口，张贴起了"献爱心红榜"，她的大名居然列第一，比总经理多出500元，比几个副总整整多了1000元，而那些普通员工大多是 20 元到 100 元。在电梯和走廊里,她听见有人在相互打听:"这人是谁呀,怎么那么慷慨?"她听了颇有点自豪感。在早晨例会上,总经理热情洋溢地表扬了她,几个副总则不痛不痒地说了几句,其他人都酸溜溜地表示要向她学习。一个职员嘀咕了一句:"人家境界高啦,我们是心有余而力不足的啦!"另外一人甚至嘀咕了一句:"谁让人家是秘书呢?"从那以后,她总觉得周围的同事们看自己就像看一个外星人一样,总经理也没有以前那样对自己好了,她为此伤心地哭了好几个晚上。

在职场上,上司是下属工作中的"帅",下属是上司的"卒"。受习惯思维的影响,即使在其他一些与工作无关的事情中,只要上司和下属同时出现,上司就会潜意识地以下属的"帅"自居。如果一个"帅"的风头让一个"卒"压下去了,上司就会认为自己"输给了"下属。尽管这些事情看似与工作无关,很多上司都不会容忍下属的这种行为,他认为下属不把自己放在眼里。

有一家公司的总经理非常喜欢下国际象棋,平时的娱乐活动只有国际象棋。在他手下,业务部主管汉森也是国际象棋的高手,而且棋艺与他不相上下。平时,汉森在公司下棋喜欢逞强,不懂得逢迎讨好,常常持续胜某某同事几局,大败某某同僚几盘。而总经理和汉森是棋逢对手,两个人下棋经常是旗鼓相当。对于这样的结局,尽管总经理觉得没面子,但是汉森是公司下棋高手,总经理也没有太放在心上,马马虎虎就过去了。

但是,汉森不这样认为,他平时出风头惯了,好不容易有总经理这个对手后,却不想就此罢休,他暗下决心要打败总经理,于是他潜心研究各种棋谱。一段时间后,汉森的棋艺又大有长进,能走出许多新着。

一天,总经理又来找汉森切磋棋艺,汉森欣然应许,结果,总经理在汉森的强势进攻下,招架不住,连败了三局。汉森高兴了,但是,总经理的心里却不舒服了。下棋的时候被下属打得落花流水,很没有面子,而汉森却不知收敛,直言直语,似乎没有把这个总经理放在眼里,总经理心里更有气了,决心要寻机杀杀他的威风,让他对自己服服帖帖。

于是,总经理让人事部的霍夫着手处理,随便找一个理由,把汉森炒掉。霍夫也是一个下棋的高手,平时也经常和总经理一起下棋,但知道总经理是输不起的人。猜到了总经理是为此事烦恼,霍夫没有表示反对,只是点了点头就忙自己的事去了。

一周过去了,总经理也想明白了,觉得自己炒掉汉森有些无理,便对霍夫说:"汉森的事你处理得怎么样了?"

"最近员工培训的事有点忙,如果您确实认为那样做对帮助别人有好处,对帮助您自己的公司有好处,我就会尽快办……"

总经理也乐得顺水推舟,说既然没办就算了。为了这种惊险不要再次出现,霍夫在与汉森下棋时,婉转地提醒汉森说:"下次,你别把总经理的老帅逼得太惨,要是惹恼了他,他也会逼你的,毕竟他是我们的帅呢!"

尽管是一句玩笑话,但汉森听出了其中的意味。从那以后,汉森和任何一位上司及同僚下棋时,都不再争强好胜抢他们的风头,该给别人面子时,还是给别人面子。而他和总经理再次下棋时,总是故意走错一两步,给总经理一些赢的机会。后来,总经理居然越来越喜欢汉森,还把他当成了自己的亲信。

退一步海阔天空,进一步逼虎伤人。在与上司打交道时,身为下属,要想办法给上司留够面子,要善于把出风头的机会留给上司。这样,你就能"吃小亏占大便宜",虽然"损失"了一点小小的利益,但是上司开心了,会给你带来更多更实际的利益。如果为了出一点风头,得罪了上司,会给自己招来麻烦。

职场之道

身在职场,与上司交往,不能不研究透上司的心理。不管在工作上,还是在其他生活细节上,上司输给了自己的下属,或者被下属抢了风头,谁都难以接受。所以,身为下属,不管在工作,还是在业余生活中,都要学会在上司面前"输",让上司永远感觉胜你一筹,你永远是上司的好帮手。只有这样,上司才会提拔你、重用你。所以,在职场上,千万不要抢上司的风头。

荣耀归于上司的正确领导

在职场常看到这样现象,有些员工的业绩非常突出,却总未获得上司的信任,甚至遭到上司的无端猜忌。这是为什么呢?难道是上司嫉贤妒能吗?原因不全是这样,主要跟这些员工对待功劳的态度很有关系。在职场上,任何一个员工取得了成绩,都离不开他人的协作,更离不开上司的正确领导和支持。如果一个员工取得了成绩,就借功自耀,忽视了上司的领导和支持,把上司晾在一边,这样的员工怎么可能获得上司的信任和重用呢?

职场人士要想做上司的红人,获得上司的信任,千万不要居功。取得了成绩,要淡化自己的功劳,把成绩归功于大家的帮助,特别是上司的正确领导和支持。这样做,上司才不会猜忌下属,而会认为自己领导有方,对取得成绩的下属平添几分器重,才会信任有加委以重用。

有这样一个寓言故事,相信对每一个职场人士都会有所启示。

在西方,曾经有一位国王喜欢挥霍奢华。一天,他的财政大臣决定策划一场前所未有、最为壮观的宴会,以此来讨国王的欢心。

在财政大臣的精心策划下,全国最显赫的贵族以及最伟大的学者,都参加了这场为国王准备的宴会。一些剧作家甚至还为这次盛会写了剧本,并在晚宴时表演。

在宴会结束后,国王在大家的拥簇下一起参观财政大臣为国王修建的别墅、庭园和喷泉。财政大臣本人也陪着国王走过呈几何图形排列的灌木丛和花坛,观看烟火和戏剧表演。宴会一直延续到深夜,宾主尽欢。在场所有的大臣、学者以及剧作家一致认为，这是他们见过的最令人赞叹的盛事。当所有的观众都赞扬财政大臣办事有眼光、有魄力，是全天下了不起的人，是难得的栋梁之材的时候，财政大臣在众人的赞誉面前，飘飘然了，认为自己为国王筹办了如此盛大的宴会，奉献了如此壮观的杰作，国王一定会赏赐自己的。

但是，第二天一早国王便下令逮捕了财政大臣，让所有的人都大跌眼镜。三个月后，财政大臣因私自侵占国家财产被送上了断头台。

读完这个故事，我们不妨想一想，为什么国王会杀财政大臣呢？事实上，他被指控的罪行全部是得到过国王许可的。但国王傲慢自负，他希望自己永远是众人注目的焦点，无法容许任何人抢占自己的风头。财政大臣搞了如此豪华的盛会，别人愈是赞美，国王心里愈是忌恨。而真正犯错的是这位财政大臣，他在别人的赞美面前忘乎所以，没有把荣耀归于国王的英明领导，这是导致他丢命的直接原因。

职场也是这样，作为下属必须明白，想办法让你的上司感到他比你优越，是获得上司青睐和信任的秘诀。身为下属，当然需要表现一下自己，展示自己的才华，但千万不要过度，尤其是当你取得突出成就时，千万不要忽视了上司的存在，一定要把荣耀留给领导，把利益留给自己。只有这样，才能保身，闷声发大财。

平心而论，人人都希望自己出众，上司也是如此。每当下属取得成就时，上司的心情往往是既喜又忧。喜的是自己领导有方，慧眼识才；忧的是下属可能对自己形成威胁。此时，作为下属，千万不要忘乎所以，不要忽视了上司的存在，更不能抢了上司的风头，要想方设法让上司成为众人的焦点。

每个人取得的成功都不会只是个人的努力，必须借助他人的力量。当你成功的时候，你不要忘了众人的支持，特别是上司，不要居功自傲，做人做事保持低调才能自保。

在中国历史上，张廷玉不是著名宰相，但他是康熙、雍正、乾隆三朝元老，连任二十四年，是中国历史上任期最长的宰相之一。张廷玉在任期间，深得雍正、乾隆两代皇帝的信任。尽管雍正生性多疑，但是对张廷玉信任有加，二人甚至"名曰君臣，情同契友"。这与张廷玉的性格有着很大的关系。张廷玉这个人从不争功，总是将自己的功劳推说是皇帝的信任、皇帝的恩泽，把功劳往皇帝身上推，养成了为人谨慎、不事张扬的性格。他有一句名言叫"万言万当，不如一默"，雍正也称他"外和平而内方正"。到了乾隆时，汉臣的比重逐渐上升。当时的讷亲被称为"满洲泰山"，而张廷玉则为汉臣众望所归，称为"汉江砥柱"，乾隆皇帝对这位三朝元老也是敬重有加。当时张廷玉官至军机大臣，封至太子太保、保和殿大学士。甚至在张廷玉死后，乾隆下诏以皇族礼仪厚葬，加谥"文和"，配享太庙，成为汉臣配享太庙第一人，并开清代文臣封伯侯的先例。张廷玉的墓园里有两块雍正亲题御碑，称他为"赞猷硕辅""调梅良弼"。

张廷玉的一生可说是传奇，对皇帝他谨小慎微，从不张扬自己，把功劳留给皇帝，这是他能够三朝为重臣的重要原因。

对员工来说工作单位就是一个大家庭。每位员工努力工作，努力生活，共同营造美好的未来。大家要有感恩的心，将荣耀留给上司、同事和支持过自己的人，而自己要更加努力务实。

对任何人来说，荣耀都是一把双刃剑，它可以助你成功，也可以让你过早地走向失败。身在职场，当你取得荣耀时，千万不要忘记你的上司，你应在第一时间把荣耀归于上司的正确领导，和上司分享，和同事分享。随后你应该淡忘这份荣耀，继续保持不骄不躁的作风，向上司学习，向同事学习。只有做到了这些，你才能受到上司的信任和重用，才能真正地有所作为。

对职场人士来说，荣耀是一把双刃剑，在给自己带来利益的同时，也会使你成为上司的眼中钉。而面对荣耀，只有平和地对待，把荣耀归于同事的帮助，上司的英明领导和支持，才能让自己在职场立于不败之地。不能正确地对待荣誉的人不是成熟的人。对上司歌功颂德，绝不是一件坏事。高明的职场人士每当此时，都不会吝啬对上司的赞美之词，赞美上司就是赞美自己。

不要只为薪水工作

很多人认为,员工与老板的关系只是一种雇佣与被雇佣的关系。为薪水而工作,看起来目的很明确,但容易被短期利益蒙蔽心智,看不清未来发展的道路。那些对薪水不满而对工作敷衍了事的人,自认为损害的只是老板的利益,实际上也损害了自己的利益。这样的人只能将自己的前程断送,一生只能做一个庸庸碌碌、心胸狭隘的懦夫。他们埋没了自己的才能,抑制了自己的创造力。

优秀的员工会时刻告诫自己:要为自己的现在和将来而努力。不管薪水多还是少,都应该清楚地认识到,那只是你从工作中获得的一小部分。不要一味地计较薪水的多少,而应该用更多的时间去接受新的知识,培养自己的能力,展现自己的才华,这些东西才是发展的基础,发展了才能提高薪水,获得更多的利益。

或许老板可以控制你的薪水,但是,他无法遮住你的眼睛,捂上你的耳朵,阻止你去思考,去学习。工作所给你的,要比你为它付出的更多。如果你将工作视为学习过程,那么,每一项工作中都包含着许多个人成长的机会。

所以在工作中,要随时保持积极主动的态度。即使暂时薪水微薄,也应当懂得,薪水只是工作的表面上的报酬,实际上你在工作中得到的更宝贵的东西是珍贵的经验、良好的训练、才能的施展和品格的建立。这些东西与金钱相比,价值要高出千万倍。

卡罗·道恩斯最初只是一名普通的银行职员,后来辞职,跳槽到了一家汽车公司。在汽车公司工作了6个月之后，他非常希望能够试试是否有提升的机会，于是直接写信向老板杜兰特毛遂自荐。老板给他的答复是："任命你负责监督新厂机器设备的安装工作，但不保证加薪。"

尽管道恩斯没有受过任何工程方面的训练，根本看不懂图纸，但对这个机会他不想放弃。于是，他发挥自己的领导才能，自己花钱找到一些专业技术人员提前一个星期完成了安装工作。结果，老板不仅提升了他的职位，还为他提了10倍的薪水。

当道恩斯问起老板这件事情的时候，老板说："我知道你看不懂图纸，如果你随便找一个理由推掉这项工作，我可能会让你走。"后来，道恩斯凭借自己的努力成为千万富翁。退休后担任南方政府联盟的顾问，年薪只有象征性的1美元，但他依然不遗余力，乐此不疲，因为"不为薪水工作"已经成为他的习惯。

那些职位低下、薪水微薄的人，忽然被提升到一个重要的位置上，尽管看起来似乎有些难以置信，甚至还会遭受人们的质疑，但是，在他们拿着微薄的薪水时，他们始终没有放弃努力，始终保持尽善尽美的工作态度，满怀希望和热情地朝着自己的目标努力，所以获得了丰富的经验，这才是他们获得升职加薪的重要原因。

不要只为薪水工作。对于职场人士来说，薪水只是工作的一种报偿方式。一个以薪水为个人奋斗目标的人是无法走出平庸的生活模式的，也从来不会有真正的成就感。尽管薪水为工作目的之一，但是从工作中能真正获得的有价值的东西却不是装在信封中的钞票。

夏日的一天，在铁路路基上一群人在辛勤地工作着，一列火车缓缓开来，他们不得不中断自己的工作。火车停了下来，一节特制的并且带有空调的车厢窗户被人打开了，接着传来一个低沉、友好的声音："大卫，是你吗？"

大卫·安德森——这群工人的头头回答说："是我，吉姆，很高兴见到你。"于是，大卫·安德森和吉姆·墨菲——铁路的总裁，进行了长达一个小时的愉快交谈，然后两人热情地握手道别。

大卫·安德森立刻被下属包围了，他们非常惊讶他们的头头居然是墨菲铁路总裁的朋友。大卫解释说，20多年前吉姆·墨菲也在这里和他一起工作。

这时，一个下属半开玩笑地问大卫："但是，为什么你现在依然在骄阳下工作，而你当年的朋友却成了总裁？"大卫非常感慨地说："23年前我为1小时1.75美元的薪水而工作，而吉姆·墨菲却是为这条铁路而工作。"

任何一个优秀员工都知道，能力比金钱重要无数倍，因为它不会遗失，也不会被偷，一旦获得就永远是你自己的。能力能给你带来更多金钱。如果你有机会去研究那些成功人士，就会发现他们并非始终高居事业的顶峰。在他们的一生中，曾多次攀上顶峰又坠落谷底，虽然起伏跌宕，但是有一种东西永远伴随着他们，那就是能力。能力帮助他们重返颠峰，获得成功。

不要担心自己的努力会被忽视，当你全心全意工作时，相信你的老板会注意到。在你担心该如何多赚一些钱之前，试着想想如何把工作做得更好，这样，你就根本不需要为钱而担忧了。别绞尽脑汁说服老板，让你的老板接受你加薪的理由。好好地奉献自己的能力，在每一份工作中竭尽所能，你的薪酬自然会提升。

工作的质量决定生活的质量。薪水只是工作的一种回报方式，只有在工作中尽心尽力、积极进取，才能获得更多更宝贵的东西，那就是工作能力。这也是事业成功者与失败者的不同之处。职场是我们成长的一所学校，从中我们能获得许多受益终身的能力。任何一位职场人士都应该明白，不要只为薪水而工作。

没有金刚钻,别揽瓷器活

任何一个职场人士,只有掌握一定技能、具备一定的能力,才能够获得相应的职位;只有具备一定的管理能力,才能够做好一个管理者。所以,在职场上,一个人要想获得加薪晋职,必须不断提高自己的业务能力,不断学习管理理论,在"瓷器活"来临之前,先打磨好自己的"金钢钻"。

很多职场人士都有很强的上进心,希望获得升职加薪的机会,但很多人忽视了在晋升来临之前做必要的准备,结果在上面对他们进行考察时,被淘汰了还不知为何。一般来说,一些晋升制度比较完善的公司在提拔管理人员之前,会派他们做一些高难度的工作,以考察他们处理复杂事务的能力。此时,有些人由于平时缺乏必要的准备和锻炼,在重要关头把事情搞砸,这样的人,自然难获得升职的机会。

要想揽"瓷器活",首先要有"金钢钻"。不能等到"瓷器活"来了,再去找"金钢钻",那就来不及了。《三字经》上有这样一段话:"幼而学,壮而行。上致君,下泽民。扬名声,显父母。光于前,裕于后。"讲的是一个人小时候只有努力学习,长大后才能将学到的知识用到工作和事业中去,立功扬名,报效国家,光宗耀祖。在职场中,要想升迁也必须如此。试想,一个人要想升迁,不在升迁之前提高自己的业务能力,学习一些管理知识,上司怎么可能把他提拔到管理层上去呢?

职场如战场,竞争激烈,压力大,倘若你没有"金钢钻","瓷器活"来了,别人是不会等你去"买金钢钻"的。时间就是金钱,时间就是效益,公司需要的是立马就能派上用场的人才。那些善于谋求升迁的职员,会在平时练就过硬的业务能力,掌握丰富的管理知识,将自己的"金钢钻"磨亮磨尖,只要出现"瓷器活",他们马上就能揽下来,亮出自己的优势,击败竞争对手。

有一个来自西部贫困山区的19岁男孩,尽管他很勤奋,但只有高中学历,只好到一家工厂做了一名工人。他一边扎扎实实地做好工作,一边抽时间读一些管理类、社科类的书,弥补自己知识的不足。他坚信,只要自己努力不懈,将来就一定能够做得更好。很多人对他的举动都不理解,一个小小的打工仔,学什么管理,难道要等着将来管理自己的老婆孩子啊?他没有在意别人的议论,依然我行我素。他认为,在当今社会,一个人要想获得成功,经济知识和管理知识是必备的。

两年后,他等来了机会,他所在车间的车间主任因事故被辞退了。于是各生产小组的组长都来争车间主任的职位。但是,车间主任这个职务只有具备较强的一线工作经验和管理能力才能胜任。前一任车间主任也是来自一线的工人,但是由于学历低,管理能力差,常常引发工人们的抵触情绪,导致效率低下。因此,在任命新的车间主任时,厂里的领导非常犹豫。因为车间的工人多是初中、高中学历,没有专业管理经验,而派一个有专业管理经验的人又几乎不懂一线的工作情况。于是,公司决定在一线工人中竞聘,让一些有两年以上工作经验的工人参加竞争。在考核时,既要考核工作业务能力,也要考核管理能力和管理知识。

于是,这个男孩毛遂自荐,领导看他的资历只是刚刚够格,就问他凭什么证明自己能够当车间主任。于是,他分析了业务情况,谈了自己对管理的看法,甚至对市场发展的前景进行了大胆的预测。一时间,厂里的领导为男孩丰富的知识感到非常意外,没想到一个粗放型企业的一线员工里,居然藏龙卧虎。一个月后,他就成了该车间的车间主任。

职场人士若想获得晋升,必须能给公司创造效益。作为员工,即使与上司的关系再好,如果业务能力和管理能力差,业绩一塌糊涂,也不可能有升职的机会。所以,身在职场,要想获得晋升,有所作为,必须想办法打磨好自己的"金钢钻",学习必要的管理知识,提高自己的能力,只有这样,在有了"瓷器活"时你才能随时将其揽下来,做出令人刮目相看的业绩。

职场之道

在职场,机会对任何一位职场人士来说都是非常重要的,但是,重视机会的同时更要重视自己的能力。没有实力做后盾,即使机会来临,也会错过的。就像开一家餐馆,必须先准备好餐具和加工的菜品等待顾客,而不能等顾客来了再去买餐具、买菜。"机会只垂青那些有准备的人",尽早打造自己的金刚钻吧,为瓷器活的到来做好充足的准备!

如何才能让老板为你升职加薪

或许你辛辛苦苦打拼了数年，看着公司成长起来，但是，你的薪水和职位还停留在当初的阶段。或许你是一个壮志踌躇的小白领，对自己的现状不那么满意，会在晚上睡不着的时候，经常想如何才能使自己得到升迁，得到更好的发展的问题，于是你想向老板提出升职和加薪，但你又不好向老板开口。也许在向别人请教时，别人会告诉你很多所谓升职的旁门左道，这样的方法能相信吗？

相信很多人都读过畅销书《杜拉拉升职记》，对书中的女主人公杜拉拉非常熟悉。该书讲述了杜拉拉作为一个受过良好教育，却毫无背景可言的中产阶级，怎样通过自身的努力获得成功升迁的故事。小说中的杜拉拉在外企经历八年，从一个朴实的销售助理，成长为一个专业干练的 HR 经理，见识了各种职场变迁，也历经了各种职场磨炼。小说除了描述杜拉拉辛勤工作和升迁中的种种细节事件外，还描写了主人公对世界级公司政治斗争的感悟。

通过杜拉拉的经历，我们可以受到很大的启发，学到很多职场的处事之道。比如在职业的选择上，在初入职场时，我们唯一能做的是踏实本分地工作，努力地真诚的付出，而过分地势利和斤斤计较都会影响你的发展，成为你升迁的绊脚石。在初始阶段，还没显露出才华时，你最好能看看自己能学到什么，有什么发展的前景，而不是计较眼前的小利。

在进入管理层的时候，要正确地处理好与上下级的关系，避免卷入派系之争，才能在领导岗位上坐得久；要适当地为下属谋利益，才能受到拥护和爱戴。

　　小说里还有很多管理的观念和方法，可以把它当成一本职场实用手册来使用。小说给我们的启示就是你在自己的工作岗位上要用心。只有用心才能积累经验，才能很好地处理和协调各方面的工作和关系，使你在工作中游刃而有余，使自己的才能得到发挥，获得提升的机会，挣取更多的薪水。

　　好的发展不是抱怨出来的，总抱怨的人会越抱怨越糟糕。杜拉拉作为现代都市职业女性的楷模，确实值得有志向的女同胞好好学习，改变不好的习惯和心态，脚踏实地，用心去做事，终究会为自己迎来美好的明天。

　　王小姐原来在一家水电器材公司做促销，工作一年了，工资再加上奖金提成还算可以，也得到了锻炼，不过她发现周围亲朋都过得挺好，而自己看不到升职的机会，原来的满足感就被不平取代，满脑子想的都是自己多么努力，而老板就是不赏识自己。于是她工作也不积极了，得过且过，最终辞职。等再踌躇满志地去找工作，发现还得从头做起，待遇还不如以前。结果，几番折腾之后仍一事无成，失衡的心态使她付出了代价。

　　她的好友姜小姐在进入某公司后却连连升职，境况为什么会如此不同呢？姜小姐是个聪明而有心的姑娘，她供职于一个进出口公司，做事很积极，很认真。她发现老板每天都工作到很晚，并且会找公司职员帮他干些杂事。姜小姐把这事看在了眼里，于是每天也留下来工作到很晚，这样不仅让老板看到自己的努力，还经常可以帮到老板，让他觉得自己是个有用的员工。经过她的努力，老板渐渐养成了凡事叫她帮忙的习惯。这么贴心的员工，老板能不栽培吗？很快，姜小姐就得到了提升，成了老板身边的得力干将。

　　王小姐和姜小姐最大的差别就是她们心态的不同，王小姐只会指责抱怨，消极被动地应付工作；而姜小姐是没有机会创造机会也要上的典型，通过自己的热情活力，还有让老板看得见的诚实劳动给自己赢得加薪升职的机会，为自己的事业打开了局面，获得了成功。

上面的两则故事说明了这样一条道理：以积极的心态对待工作，工作也会积极地回报于你。在杜拉拉的身上可以看到，她的升职绝对不是靠运气和偶然，而是用积极的心态和努力去实现自己的目标。

聪明的女人，身在职场会怎么做呢？

永远要相信一句话："没有付出就没有收获"。要想有所发展，没有脚踏实地的苦干是不行的，苦干不仅是一种对自己能力的提升以及经验的增加的过程，更是让自己不断完善，更臻佳境的过程，为你以后的腾飞做好了准备。一颗参天大树是从小树苗长起来的，一个成功的人也是从底层摸爬滚打闯出来的。既然如此，你就没有什么好抱怨的，想升职，唯一的办法就是努力。

腾飞需要积蓄能量，没有任何本事和能力就可以轻易取得成功是否可能的。冰心说过："成功的花，人们只惊羡她现时的明艳。然而当初她的芽儿，却浸透了奋斗的泪泉，洒遍了牺牲的血雨。"不经历风雨，如何见彩虹，想要让自己光辉灿烂，那就要经历风雨的考验。

每个人都向往着升职、加薪，至少要给老板一个给你升职、加薪的理由吧。那就需要在工作中显示出你的重要性，你创造的财富越多，你就越"值钱"。这样的员工，老板会主动为他升职、加薪。只有能力和业绩才是你升职和加薪的关键，如果一时还没有做出成绩，那就努力工作，不断提升自己的能力，让自己成为公司中重要的一员，那么，你升职加薪的日子就不远了。

女性游刃职场小窍门

女性是职场中重要的一部分。职场中充满着各种各样的挑战，有很多需要应对的问题，一旦处理不好，就可能影响自身的前途。如何才能做到游刃有余，这不是件简单的事情。女人有女人的优势和劣势，只要你掌握职场应对的诀窍，发挥优势，避开劣势，就能够巧妙地处理各种问题。

在社会上有一个这样的说法，就是"职业天花板"。说的是女人无论是在商界还是政界，在高层担任职务的人数远远不能和男人相比。不可否认，社会对女人的认可还是有偏差的，这种状况无形中就给女人升职和发展造成了困难和压力。

如何才能够在职场中游刃有余，事事都做得漂亮，使自己获得更好的升迁机会，这就需要女人来发挥自己的聪明才智。不管是个人的形象，言谈举止，还是为人处事，聪明的女人都有一定的尺度，都要做得恰到好处，让人觉得礼貌、优雅、有内涵、有品位，从而赢得更多的青睐，机会也会悄悄地降临到她们的身上。

聪明的女人很注意自己的服装，穿着大方得体，正式场合会尽量避免袒胸露背，以免给人造成轻浮的印象；她们在发言之前会做充分的准备，语言简明扼要，阐述时大胆自信，而不是吞吞吐吐，语无伦次；在处理工作问题时，她们对事不对人；在与同事相处时，态度幽默、和善，不多谈私事，不轻信谣言，特别是与男同事相处，更会把握分寸，避免误会，从而赢得信任和喜爱。

聪明的女人会使自己的工作成绩让老板看到，她们在会议上会用得体的发言，大胆地推销自己，而不是躲在角落里，保持沉默；自己的责任，她们会勇于承担，而不是想方设法地推诿，更不是用眼泪去寻求人家的同情；她们对工作能够保持持久的热情，积极努力地去应对，用积极的情绪影响着周围的同事，使自己受到钦佩与喜爱。她们尊重他人，说话不做作，不抱怨，懂得分享周围人的成功喜悦，也能在别人失意彷徨时给以帮助和同情。付出自有回报，而且这回报会远远地超过自己的付出。

央视节目主持人敬一丹是很有人缘的人，大家都亲切地称她为大姐，一方面是她的年龄稍大，更重要的是她温文尔雅的气质，平和善良的为人。

她乐于助人，在别人求助的时候，她会默默地把事做好，而不喜欢张扬。她处处表现得像个大姐，令身边的人都很喜欢和尊重她，她用自己的人格魅力吸引和征服了周围的人。

马克思有一句名言，"人的生活离不开友谊，但要得到真正的友谊是不容易的；友谊需要忠诚去播种，用热情去灌溉，用原则去培养，用谅解去护理。"职场中人际关系复杂，但是真诚和友好是第一位的，如果大家都很冷漠，相互排斥，不仅工作不会开心，还会增加误会和争吵。只有把同事间，以及与上司之间的关系处理好了，做事才会顺当很多。

美国前国务卿赖斯是在政坛驰骋的杰出的黑人女性。她之所以有此成就和地位，与她的聪明努力分不开，还有一个重要的原因是她与顶头上司布什总统一家有很好的私人关系，赖斯得到他们一家人的喜爱和欢迎。

在工作上，赖斯是布什的好伙伴，积极地为他出谋划策，在他对外访问的时候，赖斯会事先举行演讲，向公众阐述总统的出访意义和外交政策。在访问的过程中，陪伴总统左右，了解事情的进展，提供必要的资料。

赖斯无论在什么情况下，都坚定地站在总统的身边，并为他的计划进行各类的宣传。赖斯赢得了布什的信任和尊重，布什在外交等重大问题上都与她商量，有媒体说，赖斯抢走了其他高官应有的光彩。其实，这一切不是赖斯抢来的，而是她自己的处世智慧赢来的。

　　一提起职场，人们往往就会联想到明争暗斗、激烈的竞争、繁重的工作、冷漠的人际关系。其实并不完全是这样的，竞争是有的，没有竞争就没有进步，大家都在努力，不努力就会被淘汰，但不管是做人还是做事，都应该以真诚的心来对待，这是最基本的。虚情假意的人不会总被人信任，马虎懈怠的人也不会长久太平，只有用真诚的心与人交往，在职场上才不会孤独，才会减少很多的烦恼。工作中多些理解与尊重，多一些努力和勤奋，升职加薪的机会也才会更多。

　　聪明的女人不会时时算计别人，而是处处严格要求自己；聪明的女人不会等着别人讨好，而是理解和尊重别人。在职场中，没有万能的秘诀，就在于你平时如何做事，如何对人，只要你付出，宽容，珍惜，你就可以获得更多的机会和成功。

◇职◇场◇之◇道◇

　　女性作为职场一道独特的风景。如何在职场游刃有余，是每个职场女性都关注的问题。如何赢得别人的尊重和信任，如何获得别人的支持和帮助，如何跨越升职加薪的障碍，这是每一位职场女性都需要知道的问题。只有运用自己的智慧，扬长避短，才会为自己开辟出一条升职加薪之路。

做人做事，要留余地

做人做事，给别人留点余地，宽容别人，大度地接受别人。这也给自己做人做事留了后路。"话不说尽，事不做绝。"古往今来，这句话像传家宝一样，代代相传。这句话告诫我们的就是要给别人留有余地。

给人留有余地是美好的品德，是人生的大智慧。盖屋建楼，都会留一些空地给树木，给花草，给阳光；书面"留白"，可以让读者有一些想象的空间；批评保留一些，可以给人改过自新的机会；表扬含蓄一些，给人留下可以继续进取的余地。

宋朝有一个常州人叫苏掖，在常州做县监察官。尽管在当地苏掖是个有钱的富翁，但他非常吝啬，甚至还经常乘人之危，想着办法占别人的便宜。比如说，在购买别人的田产或房产时，他找这样那样的理由，不全额付款。为了少付一文钱，他都会不顾面子，在大街上跟人家争得面红耳赤。

最能表现他吝啬的，就是他总是会趁着人家困窘危急、着急用钱，狠狠地压低对方急于出售的房产、地产及其他物品的价格，从中牟利。

有一次，苏掖想要买下一户的房产，这户因为经商失败，不得不卖掉房子还债。尽管房产的主人报了非常低的价格，但苏掖还是狠压房价，双方为此是争论不休。

这个时候，苏掖的儿子正好在旁边，看到这一幕，他实在难以忍受父亲的苛刻了，于是，对苏掖说："爹，您就这样吧，不要再压价了！您不为您自己考虑，也为儿孙们考虑一下，万一哪天咱家衰落了，我们迫不得已要卖掉这座房产,还能祈祷那个时候有人能给个不错的价钱呢。"

苏掖听儿子说完,觉得儿子都懂的道理,自己竟然只为了钱而将人家逼向绝境,非常惭愧。从那以后,他做事,不只顾自己的利益了,而是考虑双方的利益,给人留些余地。

与人相争很有可能在自己以后的人生路上争来麻烦,祸及子孙。

说起嵇康,相信我们都会想到嵇康最了不起的时候,在被砍头之前,潇洒地手挥五弦目送归鸿,弹奏一曲《广陵散》。在刑场上开音乐会,古今中外罕见。

嵇康的死自然要比陆机死前一把鼻涕一把泪念叨着"欲闻华亭鹤唳,可复得乎?"高出好几个层次,做人也潇洒。嵇康是个才子,还是个美男子,史书上都有记载。他做人层次有一定的高度,但是还不够。有人说他"宽简有大量",也有人说他"君性烈而才隽,其能免乎"。意思很明白,就是智商高情商低,做人不够圆通,难免会吃亏。

有一次,朋友山涛推荐他当官,他不愿意去,专门写了篇《与山巨原绝交书》,要跟山涛绝交。山涛出于一片好意,而嵇康不但不领情,还要昭告天下与山涛绝交。这样做事做人不留余地,能不吃亏吗?山涛是个君子,而钟会就不同了。

考虑到读原文更有意思,现摘录如下。

初,康居贫,尝与向秀共锻于大树之下,以自赡给。颍川钟会,贵公子也,精练有才辩,故往造焉。康不为之礼,而锻不辍。良久会去,康谓曰:"何所闻而来?何所见而去?"会曰:"闻所闻而来,见所见而去。"会以此憾之。及是,言于文帝曰:"嵇康,卧龙也,不可起。公无忧天下,顾以康为虑耳。"因谮"康欲助毋丘俭,赖山涛不听。昔齐戮华士,鲁诛少正卯,诚以害时乱教,故圣贤去之。康、安等言论放荡,非毁典谟,帝王者所不宜容。宜因衅除之,以淳风俗"。帝既昵听信会,遂并害之。(选自《晋书·嵇康传》)

钟会是什么人,小人!若是得罪君子,君子不与之计较,但如得罪小人，就可能连自己怎么死的都不知道。故有人说"宁可得罪君子，不可得罪小人"！

嵇康冷待钟会，钟会这样的人又怎么会不怀恨在心呢？嵇康空争口舌之利，并未占到多大便宜，反而落得身陷囹圄。但是，他始终没有觉悟，最后落得血溅刑场。

俗话说，"人为财死，鸟为食亡"，一个人谋生，首先谋的就是生财之道，没有财就无法解决衣食住行等一系列问题，任何人都很看重自己的财路。所以，身在职场，做人做事，一定要给别人留余地，千万别把人家逼得太急，要知道狗急了会跳墙，兔子急了也会咬人。逼急了，你得到的将是无情的报复，你将无法再在这个圈子里混下去。

做人难，难做人，这是千百年来困扰人们的问题。做人真的有那么难吗？其实不难。只要我们做人不要做得太绝，学会圆通处世，不得罪小人，也不得罪君子。这样，为别人留余地的同时，也为自己铺路，不然，只能让自己陷入死胡同，上天无路，入地无门。

每位职场人士，做事都要给别人留有余地，得理饶人，为自己留足后路。给他人留余地，也是给自己留余地；给他人留有余地，这也是职场做人的一种智慧，是职场生存的哲学。

携手与同事"共赢"

在职场，同事之间的关系十分微妙，在利益上是竞争的关系，工作上更多的是合作关系。处理好与同事的关系非常重要，既不能相互冒犯，也不能相互拆台，更不能只顾自己、不顾他人。

同事之间合作才能共赢。没有了合作，只能两败俱伤。所以，同事之间最好的相处方式就是在竞争之中合作，而不是独自打拼甚至相互拆台。

有这样一个故事。

一位商人带着很多货物过沙漠。商人把货物分别放在了一头驴和一匹马的背上，就开始了在沙漠中穿走。

驴对马说："我都快累死了，你能分担一点我的负担吗？"马不理睬驴的请求，继续向前走。结果，驴被累死了，主人便把驴身上的货物都搬到马身上。

这个故事中，马的教训很说明了合作的重要性。如果当初马帮助驴，那么就不必负担全部重压了。同事之间一定要合作，才能让自己发展壮大，不然，最终倒霉的还是自己。

很多时候，帮助别人就等于是帮助自己。不妨再看一个故事。

有一位长者，见到两个饥饿的人，于是心生怜悯，恩赐他们两样东西：一根鱼竿和一篓鲜活硕大的鱼。老者离去了。两个人分了老者的恩赐，其中，一个人要了一篓鱼，另一个要了一根鱼竿，他们就各走各路了，成了不相干的路人。

其中，得到一篓鱼的人，就在原地用干柴燃火，把鱼煮好了后，他甚至都没有仔细品味鱼肉的鲜美就风卷残云一般连鱼带汤吃了个精光。没过多长时间,他竟然在空鱼篓旁饿死了。

另外一个人,则是继续忍受饥饿,提着鱼竿一步步艰难地走向海边,但是,在他走到海边,看到辽阔的大海的时候,他已经用尽了最后一点力气,只能带着无尽的遗憾离开人世。

没多久,老者又遇到了两个饥饿的人,产生怜悯之心,于是,赠与这两个人一根鱼竿和一篓鱼,然后飘然离去。

这两个人决定一起去寻找大海。两个人每次只煮一条鱼,然后分吃。经过长时间跋涉,终于到了海边。

从此,两人就告别了饥饿的生活,开始了以捕鱼为生的日子。没过几年,他们拥有了自己的房子,成立了各自的家庭,有了自己的子女,还有了各自的渔船,两家人都在幸福安康地生活着。

一样的处境,一样的恩赐,却是不一样的结果。从这个故事中,我们可以看到:不懂得合作的两个饥饿者,最后连生命都不能保住;而懂得合作的两个饥饿者,不仅生存了下来,而且还过上了幸福的生活。由此可见,学会与他人合作是非常重要的。

与同事相处,更应该懂得合作。哪怕同事是自己的竞争对手,也要想办法与他达成默契,互为后盾,相互支持。这样,不止实现了"双赢",还可实现"多赢",全方位的"赢"。在共赢局面下,同事关系自然能进一步融洽。

总之,每个人能力有限,人与人之间只有通过相互合作才能做得更好。一个人学会了如何与别人合作,就等于是找到了打开成功之门的钥匙。这就是人们常说的:"小合作有小成就,大合作有大成就,不合作就很难有成就。"

职场之道

俗话说:"一个巴掌拍不响,两个巴掌响遍天"。帮助别人就是帮助自己,只有学会和别人合作才是学会了如何做人。正如《易经》所说:"二人同心,其力断金。"一个人很渺小,多人合作就会产生巨大的效应,更容易取得成功。

>>> 第三章 职场的明智之道

身处职场，如何才能在明哲保身中有所进取，达到职业生涯的又一座高峰？那就需要明智。明智就是自知、踏实、大度、低调、自我保护等，只有做到这些，才能既明哲保身，又能达到职业生涯的一个新高峰，走向一个新的高度。在职场，除了要有出色的工作能力，更要有明智的头脑，只有保护好自己，才能有更大的发展！

人贵有自知之明

身处职场，自己想做什么，能做什么，会做什么，短处是什么，都一定要心中有数，千万不要自以为是，骄傲自满。选择职业目标，与他人相处，都一定要有自知之明，既不能好高骛远，也不能骄奢轻狂、看不起别人。谁也不比谁差多少，即使你比别人强，也不要"耍大牌""摆姿态"，不然你必然会引起他人不满，引来无妄之灾。

很多职场人士，从来不考虑自己有多大本事，对工作要求这要求那，给人不知天高地厚的印象，或许这类人确实有"厚"的条件，但没有领略"厚"的精髓，因为他们只会异想天开，从来不根据现实考虑自己的情况。

那些真正懂"厚黑"的人，会思考，懂衡量，最重要的是，他们从来不会有不切实际的想法，而是从实际情况去想问题、做事情。这是"厚黑"的基础。

只有了解自己的现实状况，从实际出发进入职场，对自己的定位才符合实际。求职时，要从自己的实际情况考虑，而不能只考虑大公司、高职位、高薪水。这山望着那山高，是不现实的表现，而异想天开地要求高薪高职，则是没有自知之明。

美国前国务卿赖斯读中学时，有一次去参观白宫，回到家后，她信心十足地说："将来我要争取在白宫工作。"经过几十年的努力，赖斯终于如愿以偿。

由于政绩突出，赖斯深受人民的拥护。在一次民意测验中，美国民众发出强烈的呼声，要求她参加2008年的美国总统竞选。

然而,面对这种情况,赖斯却毅然地说:"NO."后来,赖斯说:"我深知自己擅长什么、能做什么。"

确实如此。赖斯是学者出身,国务卿一职是专家式的工作,很适合赖斯,而总统之职则属于政治家的工作。赖斯很清楚自己的特点,因此她拒绝了竞选总统的提议。

人贵有自知之明,对于每个人来说,虽然放弃都是痛苦的,但比起失败的痛苦要小很多。盲目追求不切实际的目标,只能得到事与愿违的结果,而暂时明智地放弃,是为了将来获得更大的成功。

此外,除了职业定位与选择需要自知之明外,打理职场人际关系也要有自知之明。

在《战国策》中,有一篇《邹忌讽齐王纳谏》,讲的道理就是人要有自知之明。美男子邹忌没有被旁人吹捧弄昏了头,他说:"妾之美我者,畏我也;客之美我者,欲有求于我也。"邹忌早就把吹捧者的内心看透,因而不至于被他人欺骗,这与他的自知之明有关。

后来,邹忌把自己的这一番道理讲给齐王听,便是提醒齐王在赞扬声里一定要保持头脑清醒,不能迷失方向。

《太平广记》中也记载了这样一个故事。有一个监察御史,文笔不好却很喜欢写文章。由于他的职位是言官,平时可以究劾他人的行为,因而没有人得罪他,只要是他的文章,不论写得怎样,大家都奉承他。

被这么一奉承,他一开心,就要请客。这个时候,他的夫人劝他说:"你并不擅长写作,一定是那些同僚在拿你寻开心。"监察御史还算有些自知之明,自己想了想,好像是这么回事。于是,以后不管别人怎么说,他也不轻易地应承了。这样一来,他反而得了个好名声。

人都喜欢听好话、奉承话,尤其在职场应酬中,奉承话、客套话太多了,那些不自知的人听到这些话便会信以为真,飘飘然,觉得自己很伟大,往往没有考虑这些话的背景,说话者的目的是什么。而有自知之明的人就会对这些话冷静地分析,正确判断。

有些人一旦获得一点成绩就忘乎所以，就以为自己全知全能了，这样干工作、做决策，少不了会有主观性、片面性和危险性。这实际是不自知的表现。

唐太宗李世民是历史上有名的明君，有远见卓识，然而每次接见大臣都非常虚心。有一次，他对萧璃说："我小的时候就喜欢弓箭，自以为非常精通。今日得到十几张良弓，拿给做弓的工匠看，工匠说：'都不是好材料。'我问为什么，他给我解释，我才懂得了。我手持弓箭平定四方，用过的弓很多了，仍然不懂弓的道理。而我享有天下的时日太短，所懂得的治理之道远远不及对弓的了解。评价弓尚且不得要领，何况治理天下呢？"由此可见唐太宗有自知之明。

在职场中，做领导的有自知之明，一来，可少犯错误；二来，可得人心。既能获得更多宝贵的意见，又能得到下属的支持。当然不仅领导，下属也应该有自知之明，这样才能摆正自己的位置，稳定自己的职场地位。

总之，职场生涯少不了自知之明，生活也少不了自知之明，无论是领导，还是普通职员，都应该有自知之明。从职业的选择，到职场关系，再到职场定位，所有这些都不能没有自知之明。只有真正了解自己的长处和短处，避己之短，扬己所长，才能对自己的人生准确定位。看清自己的不足，也就是你进步的开始。

身处职场，没有自知之明是可悲的。没有自知之明的人，无法看到自身的弱点和缺陷，导致自身止步不前，前途渺茫。所以，一个人，特别是职场人士，只有认识了自己的长处和短处，避己之短，扬己所长，才能对自己的人生准确定位。一个人，只有看清自己的不足时，才能走向进步和卓越。

要脚踏实地，不要好高骛远

工作没有贵贱之分的，所有正当合法的工作都是值得尊敬的。所以，不管你在做什么工作，都应该珍惜，要脚踏实地地去工作，而不是好高骛远，总想一步登天。即使是平凡的工作岗位，也依然藏着极大的机会，只要你肯脚踏实地去做，一定能成就自己的梦想。

当今，经济飞速发展，万事变幻莫测，人心也会变得浮躁。但请记住，万事万物的真谛永远不会变，坚持循序渐进，持之以恒地努力，永远是筑就人生辉煌的基石。在任何时代，谁能静下心来踏踏实实做事，诚诚实实做人，谁就能脱颖而出。现今时代，尤其如此。

甘蝇是古代非常有名的神射手，只要他一拉满弓，野兽就会倒在地上，飞鸟就会从空中掉下来。徒弟飞卫跟着甘蝇学射箭，最后射箭的技巧超过了他的老师。而后有个叫纪昌的人，又跟飞卫学射箭，飞卫就教导他说："你应该先学会盯住一个目标不眨眼，然后才谈得上学射箭。"

纪昌将老师的话铭记于心，等回到家后，他就仰面躺在妻子的织布机下，两眼盯着织布机的脚踏板。这样苦练两年之后，即使锥子尖快刺到他的眼睛时，他的眼睛也不会眨一下。纪昌把这个成绩告诉了他的老师飞卫。飞卫说："仅仅这样还不够，你还必须进一步练习眼力，要练得看小的东西像看大的东西一样，看细微的东西像看非常明显的东西一样，等你练到这种程度时再来告诉我。"

纪昌回家后，就用牦牛尾巴上的长毛系了一只虱子挂在窗口。纪昌面向窗口望着这只虱子，十天间，纪昌看见虱子逐渐变大了。这样苦练了三年后,纪昌看那只虱子就像车轮那么大,再看虱子以外的东西,就像看见山丘一样了。于是,纪昌就用燕国的牛角造的弓,搭上用北方的蓬竹造的箭杆,向窗口用牦牛尾巴上的长毛系着的虱子射去,箭从那虱子的中心穿过去,而悬挂虱子的牦牛毛却没有断。纪昌把这样的成绩告诉了老师飞卫。飞卫非常高兴,抚拍着胸脯说:"你已经把射箭的门道真正学到手了!"

纪昌学射的故事,说明无论学什么技艺,都要从学习基本功入手,循序渐进,才能成功。

凡事想一蹴而就,用一朝的努力便获得真本事,这是幻想,是根本行不通的。在职场上我们常常钦佩和羡慕那些有真本领的同事或是上司,真本领都是通过持之以恒的努力换来的。所以,如果你也想拥有过人的智慧、出众的才华和过人的本领,就只能通过持之以恒的努力换取,是没有捷径可走的。

富兰克林说:"诚实和勤勉,应该成为你永久的伴侣。"

凡事都要脚踏实地去做,不驰于空想,不骛于虚声,用唯以求真的态度去踏实地工作。这样,则真理可明,功业可就。

一只饥饿的狐狸整天东游西逛,总想不劳而获,它不想像其他狐狸那样到大森林里捕杀猎物,它逛来逛去,发现一个养殖场有不少小鸡,它高兴地跳了起来,但遗憾的是鸡场门口有一只狗在守护着,它无法得手。狐狸只好四处转悠,想伺机下手,可是这只狗非常认真,始终没有放松的样子。

狐狸很无奈也很饿,于是满脸堆笑地走过去,跟狗打招呼说:"啊,狗大哥,你可真是死心眼儿,整天守着鸡舍多辛苦啊,还是回去休息吧!"狗瞥了狐狸一眼说:"我不休息,因为我要保护鸡舍,这是我的职责!"狐狸又笑嘻嘻地说:"瞧那些小鸡多灵活,它们已经能够保护自己了,你不用再多管闲事!再说你这么负责任地保护它们,它们也不一定会感激你,何必呢?"狗说:"我不需要它们感激,我只是尽我的职责,我是在为自己做事,不是为它们!"

狐狸大失所望,就恼羞成怒地喊道:"你以为自己是什么呀,整天无所事事,放着正经事不做,还是去做点正经事吧,别在这里浪费时间了!"狗严肃地说:"我整天无所事事是为了更好地维护正义,而不是东游西逛想着要捞点好处,请不要把我的无所事事与你的东游西逛等同起来。我们的行动虽然性质相同,但本质不同,不能相提并论!"

在职场上,人们处在不同的职位上,承担着不同的职责,这是人人明了的道理,况且出色地完成自己的工作也是能鼓舞自己的自信心、证明自己能力的有效途径。但是有些人不懂这个道理,不但不积极地完成自己的工作,还让工作牵着鼻子走,自然也就不能有好的业绩。所以,只要你能变被动为主动,相信你一定会有好的工作业绩!

职场之道

很多时候我们这些小人物看到的都是大人物创造的大事业。但是,你也要知道,这些大人物也曾经是小人物,他们的大事业也曾经是些小事业,但是他们最终干成了大事,成了我们的偶像。那么,他们成功的秘诀是什么呢?那就是勤奋做事,诚实做人,一步一个脚印,做好小人物成就大人物,做好了小事业也就成就了大事业。所以,不要再临渊羡鱼了,一步一步地耕耘,一步一个脚印地前进,相信你也将迎来你事业的辉煌!

记住:踏实做事,方能稳步前进!

糊涂做人，聪明做事

身处职场，即使拥有再多的真才实学，也要懂得适度收敛。高明的人都很平实，他们的心态从来不脱离大众，也不会让自己独特。糊涂一点，大智若愚，藏巧于拙，如孙膑装疯卖傻、司马懿装傻充呆，不仅保全了身家性命，而且也为最后取得胜利保存了实力。因此，藏锋不露，等待时机，未尝不是成功之道。

郑板桥在潍县做知县时，写了两幅字。其一是"难得糊涂"，下注："聪明难，糊涂难，由聪明转为糊涂更难。放一着，退一步，当下心安，非图后来福报也。"其二是"吃亏是福"，下注："满者损之机，亏者盈之渐，损于己则盈于彼，各得心安之半，而得心安既平，且安福即在是矣。"

郑板桥将"难得糊涂"作为做人的第一要义，说明能糊涂也是一件好事，这也是一种非常高的为人处世智慧。

正如古人所言："大勇若怯，大智若愚。"看似胆小如鼠，实则胆大如斗；看似寡言讷语的，实则足智多谋。智而示之以愚，强而示之以弱，能则示之不能，用则示之不用，用装糊涂的方式蒙蔽对手，争取主动。

糊涂之人，必有聪明之处。为人处世，更要学会糊涂做人，才能低成本做事，才能达到高层次做人的境界。聪明装糊涂，大智若愚，有为示之无为，强示之弱，糊涂做人，静待时机这样才能出人意料，取得意想不到的结局。

大智若愚是糊涂，大勇若怯是糊涂，有所不为是糊涂，乐天知命是糊涂，与世无争是糊涂，淡泊名利是糊涂……在糊涂的背后，却是宽怀忍让，以柔克刚，顺应自然，知足常乐，宁静致远……的人生智慧，是高层次做人的处世哲学，是境界，是智慧，是清醒。

身处高位，与危险为伍，官场一朝风云突变，危险就会降临，历史上很多人，都是通过扮傻弄呆来逃避危难，保全自身。

战国时期著名的军事家孙膑，曾经和庞涓一起拜在鬼谷子门下学习兵法。

有一年，魏国国君招贤的事情传遍天下，就连在深山学艺的庞涓也知道了。庞涓再也无法忍受深山学艺的艰苦和寂寞，于是下山，谋求富贵。

庞涓到了魏国，魏王通过询问治国安邦、统兵打仗等方面的知识，发现庞涓是一个难得的人才，于是，任命庞涓为元帅，执掌魏国兵权。

后来，孙膑也应召来到魏国，魏王对孙膑自然也是非常敬重，打算让孙膑做庞涓的副手，与庞涓同掌兵权。庞涓忌妒孙膑才能，但表面上说："臣与孙膑，同窗结义，孙膑是臣的兄长，怎么能屈居副职、在我之下？不如先拜为客卿，待建立功绩、获得国人尊敬后，直接封为军师。那时，我愿让位，甘居孙兄之下。"魏王觉得庞涓的主意不错，便同意了。

庞涓自然不会给孙膑与自己争权的机会，于是设计陷害孙膑。孙膑入狱，庞涓为了得到孙膑的兵书，竟然建议魏王剔下孙膑的两个膝盖骨，并且在孙膑的脸上刺字。

而阴险的庞涓竟然泪流满面地为孙膑上药、包裹，无微不至地照料。一个月以后，孙膑的伤口愈合了，但是，不能走路了，成了废人。孙膑知道庞涓很想全面学习鬼谷子先生的十三篇兵法，于是，答应庞涓将鬼谷子先生所传兵法十三篇及注释讲解写出来。从那天开始，孙膑就开始废寝忘食地工作。

直到有一天，孙膑无意中听说庞涓等他写完兵书就把他处死。第二天，正在写书的孙膑，忽然大叫一声，昏倒在地上，不断呕吐，两眼翻白，四肢发抖。没过多长时间，孙膑醒了过来，但是，神志恍惚，无端发怒，瞪着眼睛大骂："你们为什么要用毒药害我？"

孙膑边骂边推翻了书案桌椅，将他费尽心血写的孙子兵法，毫不犹豫地扔到火盆里。等庞涓急忙赶来时，只见孙膑满脸尽是污浊之物，趴在地上，忽而磕头求饶，忽而呵呵大笑，简直就是疯了。

庞涓自然没有那么容易受骗了，于是命令属下把他孙膑到猪圈里。而孙膑浑身脏兮兮的，披头散发，丝毫没有感觉地在猪圈的泥水中滚来滚去，又哭、又笑……

庞涓依然不信孙膑会疯。晚上又派人偷偷地给孙膑送食物："我是庞府下人，我对先生的冤屈非常同情。我偷偷地拿来点吃的，请您悄悄吃，不要让庞将军知道。"

孙膑自然知道这是庞涓派来的，依然一副疯颠颠的样子，打翻食物，厉声问道："你又要毒死我吗？"庞涓的手下见一计不成，于是，就捡起猪粪、泥块给孙膑。孙膑接过庞涓的手下递来的东西，毫不犹豫地往嘴里塞。庞涓的手下回报庞涓：孙膑是真疯了。

这次，庞涓才相信孙膑是真的疯了。于是庞涓对孙膑的看守也不那么严了，但依然命令手下：不管孙膑去了哪里，都必须当天报告。

孙膑就这样装疯卖傻地应付过去了。然而，依然有人知道孙膑是装疯的，这个人就是当初向魏王介绍孙膑的墨子墨翟。

于是，墨子墨翟把孙膑在魏国的情况告诉了齐国大将田忌，又对田忌讲述了孙膑的杰出才能。田忌将这一情况报给齐威王，齐威王命令田忌，不管用什么方法，一定要把孙膑从魏国救出来，让孙膑为齐国效力。

于是，田忌派人到魏国，趁庞涓疏忽，用一个假孙膑把真孙膑换出来，然后连夜赶回齐国。等庞涓发现为时已晚。

孙膑就这样摆脱了阴险庞涓的控制，到达齐国，齐王和田忌都非常敬重孙膑，让孙膑做军师。这才在后来的马陵道之战中大败庞涓，庞涓也被乱箭射死。

尽管"扮傻"是非常不容易的，但在生命危险关头，却是非常有效的生存技巧，这也是一种"糊涂艺术"，是一种很高的做人谋略。做事也是一样，它能够保全自己的利益。政治上更是韬晦之计，尤其是身处逆境之中，示人以弱，示人以无为，以等待时机，才能做到有为。

职场之道

　　学会糊涂做人，才更容易成就大事；那些大事糊涂，小事聪明者，却很难做成大事。大事聪明，小事糊涂，做人做到这个点上，已经达到了做人的高层次。高层次做人，必然懂得糊涂做人，往往都会是大事聪明，毫不含糊，小事则是得饶人处且饶人。不懂得糊涂做人，凡事较真的人，难成大器；而小事糊涂，大事清醒的人，终将成大器。糊涂做人，大处着眼，就不会看不清大局，这样才能做到掌控全盘，手握乾坤，做成大事。

职场做人要大度一点

有句谚语说："有量才有福。"职场中人，有大度量是非常重要的。如果一个人气量很小，处处和人斤斤计较，不但会给人留下坏印象，还可能吃大亏。

从前有一个吝啬的商人，借给别人半文钱，可是那人很久都没来还钱。他心里担心那个人不准备还了，总是忧心忡忡。最后他决定亲自前去要债。

从他的家到那个人的家路途虽不是很远，但中间有一条很宽的大河，河上没有桥梁，必须雇船才能过河走到那个人的家。可是过河需要两文钱，吝啬的商人立即花了两文钱坐船到了对岸。

等他找到了借他钱的人家后，主人有事外出了，门上挂了一把铁锁。看看天色已晚，只好放弃等的念头，又花了两文钱坐船过河回到家里。

为了讨回半文钱而花掉了四文钱，而且来回路上疲劳困乏。换了想得开的人，一定会等那个人来还钱，而不会干这种借给别人的很少，但损失很多的蠢事，还平白招来众人的嘲笑。

世人又何尝不是这样，为了虚名浮利，不顾败坏自己的德行和行事准则。为了个人利益，不顾礼义廉耻。这样的人，徒劳一场招来恶名不说还有无尽的恶报。

有句形容大度弥勒佛的话叫做："大肚能容容天下难容之事，笑口常开笑天下可笑之人"，姿态之高，令人神往。每个人都应该学会微笑着面对生活，对人、对事多一分宽容与大度。

人生在世，应有崇高的理想和宽阔的胸怀；待人及物应不拘小节，为区区小事而耿耿于怀不但徒增烦恼，而且于事无补。其实，不管是处世还是做事，只要你能有一个大度、坦荡的胸怀，路就会越走越宽；如果处处针锋相对，睚眦必报，只会落得一无所成。

最初，曹操与袁绍实力悬殊极大。曹操手下的不少武将和谋士都与袁绍一方有秘密书信往来，以备万一曹操被袁绍兼并有个退身之处。对此，曹操心知肚明，只不过迫于时局而不便挑明。

不久，"官渡之战"爆发。曹操利用奇计大败袁军，取得了彻底胜利。曹军在清理战利品时，从袁军大营缴获一大筐书信，都是以前曹操部下写给袁绍的。有人在信中吹捧袁绍，贬低曹操，说自己身在曹营心在袁军；有的表示随时可以叛曹降袁。曹操的心腹们觉得事关重大，立即将书信交给了曹操。那些写了信的人害怕事情败露，个个心惊胆颤。但曹操接过信件，看也没看，下令全部烧掉，并笑着对众人说："这都是过去的东西。那时袁军地盘比我们大，军队比我们强，粮草比我们多，就连我也考虑过以后的退路，你们有人这么做，也属常理，不足为怪。"那些提心吊胆的人见曹操如此态度，又目睹那一大筐书信在烈火中化为灰烬，如释重负，感到空前的轻松，同时也都流下了感激的热泪。

此事迅速传遍曹军大营，一度惊恐不安的军心顿时稳定下来。尤其是那些写过"效忠信"的人，为报答丞相的大恩大德，在此后的战役中，个个冲锋陷阵，杀敌立功，为曹操的争雄做出了很大贡献。

这是大政治家的驭下之道。曹操深知宽容大度是黏合剂，能容人就是团结人，自己才会受人拥戴，统一大业才有希望。事实证明，用大度的心怀待世界，世界也会宽待你。

在职场中做事情，有时气度是决胜的关键。有句话说："忌妒别人是承认自己不如别人。"能容人者，必能获得人们的尊重，事业必然兴旺发达；不能容人，则会遭到别人的反对，事业必然衰败。《水浒传》中的白衣秀士王伦，就是因为没有度量，落得个身首异处。而三国的周瑜，是因为气量小而被诸葛亮气得吐血身亡的。

清朝的康熙是非常宽厚的皇帝。有一次，他向大臣表示想要起用黄宗羲，黄宗羲是明末清初经学家、思想家、地理学家、史学家、教育家。清军入关后，黄宗羲曾经召集很多人组成反清的"世忠营"，与清朝斗争达数年之久。

康熙之所以想要起用黄宗羲是敬佩他的才学，但是大臣们都极力反对，觉得黄宗羲是反清逆贼，这样的人怎么能为大清效力呢？

康熙听了大臣们的反对意见后说："黄宗羲的做法是一种忠烈的表现，是非常难能可贵的！"大臣们见皇上不但不责怪黄宗羲，反而对他的赞赏，都为皇帝的大度所震慑。

有一次，康熙在巡视西安时，想召见著名学者李禺。李禺是个有气节的人，他觉得自己是明朝的人，不想去见康熙，于是就让自己的儿子带话给康熙说自己年迈多病，不便见康熙。康熙知道李禺的意思，但没有怠慢他的儿子，他对李禺的儿子说："人最可贵的就是气节，你父亲是一个喜欢读书并且有志气的人，我特意把一块匾额赐给他。"于是，他把一块写着"志操高洁"的匾额让李禺儿子带回去。康熙这样宽宏的度量，一时被百姓传为佳话。

汉代政治家贾谊说：大人物都不拘泥细节，才成就了大的事业。在职场中，上级想要获得下级的拥护和尊重，最重要的就是要有宽容大度的心。在职场，领导是一门学问，成功的领导不但能容忍下属的过错，还能容纳逆耳忠言。只有把自己的心胸放开，不计较细枝末节，才能获得成功。

职场之道

能容人者,必然能获得人们的尊重,而事业必然兴旺发达;不能容人,则会遭到别人的反对,事业必然日趋衰败。在职场,一定要有"海纳百川"的胸怀和气度,这是你成功的关键。大度一些,学会宽容,路才会更宽广!

学会识人，看透人心

职场中处世为人，识人之术都是必须掌握的本领。一方面它可以避免受到他人的伤害，另一方面可以借助他人帮助自己。识破他人的计谋，你可以运转得更为顺畅，无论是工作还是生活，都将如鱼得水。

识人是用人的第一步，但识人并不简单，善伪装的大有人在，只有透过其表象了解其内心，才能够最终在汹涌的人流中找到值得依靠且能够为我所用的良才。

古语云："以貌见人，失之子羽。"大意是说，单看一个人的外表是很难判断他的品质和能力的，即使得出结论也可能是不准确的。但是，要想在职场中游刃有余，就必须学会通过外貌、行为了解人的内心。

三国时期蜀国大将魏延在战败之后，向刘备投降，诸葛亮看到魏延脑后有反骨，便决定将其处死，但是碍于众人为他求情，就决定将魏延留下来，但诸葛亮对此人一直心存怀疑。

魏延鉴于诸葛亮的威严，对诸葛亮十分惧怕，所以行事十分"乖巧"，对诸葛亮的吩咐向来是毕恭毕敬。但是，随着诸葛亮病情的加重，蜀国便再也没有人能够控制他，这个时候，他骄横的性格和张扬的面目便日益显露出来。

一日清晨，魏延想起昨夜做的一个梦：自己的头上突然长出了两只角。对于这个梦，他觉得好像有着某种特别的寓意。当他听说行军司马赵直来时，便请他入寨中，以询问的语气说："我早就听说你通晓《易经》，所以想请你帮我算一下昨夜做的梦。自己头上忽然生出两个角来，这是厄运还是吉兆，麻烦你帮我解释一下。"

赵直望着魏延殷切的目光，半晌说道："这是大吉之兆。鹿麟头上有角，苍龙头上也有角，很明显，这是飞腾的迹象。"

听到赵直这么说，魏延非常高兴，激动地对赵直说："先生的话如果应验了，魏延定当重谢！"

不久，费祎来到魏延帐中，警惕地说："有要事相告。"于是魏延命左右退下。费祎说："昨夜三更，丞相辞世了，他临终前让你断后，缓缓退兵，并一再强调千万不要走漏消息。"

听到这话，魏延沉思片刻问道："如今军中谁代理丞相一职？"

费祎回答说："丞相临终前，将政务全部委托给杨仪，将用兵密法全部传予姜维。"

一听政务全部交给杨仪处理，魏延顿时不高兴，他说："丞相虽然辞世了，但是我还在，自从我跟随丞相以来，南征北战，东挡西杀，战功数不胜数，论资历和能力，我都在杨仪之上，他算个什么东西？只不过是区区长史罢了，丞相一职怎么能够由他担当呢？在我看来，杨仪只适合为丞相护送灵柩，入川安葬丞相。你现在回去告诉杨仪，我做事不用他来指手画脚，一段时间后，我自己会率领大军攻打司马懿，并且一定能够取得胜利，再怎么样也不能因为丞相一人仙逝而废弃了国家大事啊！"

看着魏延一脸的傲气和无礼，费祎生气地说："丞相临终前，嘱咐我们暂时不出兵，而应该撤退，这是命令，不许违抗！"

魏延勃然大怒说："如果当初丞相依照我的计策行事，现如今长安早就攻下来了。我现在的官职是前将军、征西大将军、南郑侯，论官位要比杨仪大许多倍，怎么能够让我为其断后呢？"

诸葛亮临终之前嘱咐过费祎，说魏延这个人心术不正，一直想造反。这时费祎心想不如先稳住他，日后再做打算，于是便对魏延说："你说的话不错，但是丞相刚走，我们切不可轻举妄动，以防扰乱军心，使敌人有可乘之机。等我见到杨仪时，会动之以情、晓之以理地劝服，让他自愿将兵权转让给你，你看这个办法如何？"

魏延听费祎这样说，才满意地点点头，算是答应了。

费祎辞别了魏延，从大寨中走出时，正巧看见赵直。赵直便慌乱地将他拉至无人处，对费祎说："我方才到魏延营中，他对我说昨夜梦见自己头上长出两只角，让我帮忙预测吉凶。我见他十分无理，便谎称说这是一个吉兆，是变化飞腾的迹象，其实，这是一个不吉利的征兆，但是我怕说了实话他见怪，所以就将计就计，骗了他一回。"

费祎迷惑不解，问道："你怎么知道这是个凶兆呢？"

赵直说："这个'角'字，上边是由'刀'，下边是由'用'组成的，合起来是'刀'下'用'，头上用刀，这是非常不吉利的。"

此时，费祎才恍然大悟，并对赵直说："这个是秘密，千万不要走漏了风声。"

费祎辞别了赵直，便匆匆拜见杨仪，将方才与魏延的谈话内容和赵直为魏延解析的梦如实一一叙说。当杨仪得知魏延有造反之心时，便亲自先行率领兵马护送丞相的灵柩，然后命令姜维为其断后，徐徐而退。

当魏延得知杨仪和姜维的大军已经撤退时，勃然大怒，派人烧了栈道，并且率军前来拦截。两军对峙，一向自以为是的魏延认为，诸葛亮过世之后，天下没有任何人能够阻碍他，所以便提刀按辔，在马上大声叫道："大胆杨仪、姜维，还不速速下马请罪，把兵权还给我？"

杨仪提马上前，大声对魏延说："丞相在世时，就已经预测出你日后必反，所以，一再嘱咐我要提防你，今天，果然应了丞相的话。如果此时你敢在马上连喊三声'谁敢杀我'，我们便承认你是真正的大丈夫，我便立即献上相印。"

此时，魏延的笑声回荡在两军上空，他说："杨仪，你这个匹夫听着！孔明在世的时候，我怕他三分，现如今他死了，天下便没有我魏延的对手。别说连呼三声，就是连续呼三万声，又有什么难的！"只见魏延提刀立马，仰天大叫："谁敢杀我？"一语未了，脑后便有一人厉声应道：

"我敢杀你!"只见此人手起刀落,魏延的人头便从马上滚落在地。在场的所有人都骇然了,定神之后,才看到斩魏延的人是大将马岱。

原来,神机妙算的孔明在临终之前就已经算到魏延会有今天,所以便暗中授计于马岱,命他如此这般。

有些人在做事之前就已经开始吹牛,口出狂言,唯恐天下不知道他,这样,主动权就转移到了别人的手中;而那些成竹在胸不张扬的人,才能把主动权握在自己手中。

身在职场更应该这样,我们做任何事情都应该以谦虚的态度、正直的品德赢得人们的尊重,而不应心怀叵测搞阴谋诡计,否则势必没有好的结局。一个人的所思所想总会通过行为表现出来,所以,只要善于看透人,就能很好地驾驭人才。切忌单靠五官来判断人。

职场之道

学会识人,看透人心,不仅仅是领导者应该掌握的技能,普通人也要有识人之能,认清自己的同事、领导以及下属,才能避免在职场的利益角逐中处于劣势,才能发挥一个团队、一个组织的潜能,为公司做出贡献,为自己争取更多的利益。

职场做事,切勿投机取巧

在职场,投机取巧的人不是少数,这是任何公司和组织都无法回避的问题。很多人惯于投机取巧而吝于付出努力,他们渴望达到事业的顶峰,却又不甘愿走艰险的道路;他们希求胜利,又不愿为胜利做任何牺牲。而有的人之所以能够成功,恰恰是因为他们能够认识到这种普遍的社会心态,并极力超越它们。

在职场做事,最忌投机取巧。做事不踏实的人,自然不会受到信任和重用。对投机取巧、善于钻营的人,最好敬而远之,不然会给自己带来麻烦。但即使大多数人反感,依然有人投机取巧。职场中,生活中,从来不乏这样的例子。

从前有两个人,同时种植甘蔗,并约定:"种植好的有奖赏,种植不好的要重罚。"

为了能得到奖赏,一个人想:"甘蔗非常甜,如果把汁榨出来,再用来浇灌甘蔗林,甘蔗定会甜美无比,肯定会超过他。"于是他就榨甘蔗汁用来浇灌甘蔗苗,期望增加甘蔗的甜美,赢得奖赏。

到了收获的季节,没有用甘蔗汁浇灌的人,凭着辛勤的双手和汗水,获得了丰收,赢得了奖赏。

而那个异想天开,想靠捷径获胜的人的甘蔗苗根烂掉了,所有的甘蔗全都坏死了。奖赏没有得到,自己又赔上了不少的钱财做了别人的奖赏。

有人想得到美好和富贵,就依仗着权势,巧取豪夺,压迫百姓,掠夺财物,作威作福,结果反会招致灾难。这就像榨蔗汁浇蔗苗一样,不仅损失了种植的甘蔗，而且连已有的甘蔗都损失殆尽。

世界上没有免费的午餐，有付出才能有回报，妄想用偷奸取巧的办法获取利益，最终只会徒劳一场。

俗话说："信义值千金"，做人的根本在于诚信，诚信给你带来的回报也将是丰厚的。

在苏格兰一个小镇上，一位年迈的鞋匠对慕名而来学徒的三个年青人悉心传授修鞋的手艺。三个年青人都很用心，很快就掌握了修鞋的技巧。当他们学艺已精，准备独自闯荡时，老鞋匠嘱咐道："孩子们，你们临行前，我只有一句话要告诉你们。"

三个青年人都垂手而立，等着师傅开口。

老鞋匠环视了他们一下，郑重地说："千万记住，补鞋底只能用四颗钉子。"

三个青年人似懂非懂地点了点头，便踏上了旅途。

三个青年人结伴来到一座大城市，开始了各自的修鞋生涯。从此，这座城市就有了三个年轻的鞋匠。开始，由于三个年轻人的技艺都不相上下，日子也就风平浪静地过着，每个人的客户都很多。

过了一段时日，第一个鞋匠就对老鞋匠那句话感到了苦恼。因为他每次用四颗钉子总不能使鞋底完全修复，可师命不敢违，于是他冥思苦想，但无论怎样想他都认为办不到。终于，他不能解脱烦恼，只好放弃了修鞋，回家种田去了。

第二个鞋匠也遇到了同一个问题，可他发现，用四颗钉子钉补好鞋底后，坏鞋的人总要来第二次返工才能修好，结果来修鞋的人总要付出双倍的钱。第二个鞋匠为此暗自高兴，他自认为懂得了老鞋匠最后一句话的真谛，这种修鞋法能给自己带来双倍的利润。

当然，第三个鞋匠也同样发现了这个问题，在苦恼过后他发现，其实只要多钉一颗钉子就能一次把鞋补好。第三个鞋匠想了一夜，考虑再三，终于决定加上那一颗钉子，尽管自己多付出一个钉子的成本，可是，却能节省顾客的时间和金钱，更重要的是他自己也会安心。

又过了数月，人们渐渐发现了两个鞋匠的不同。第二个鞋匠的铺面里越来越冷清，而去第三个鞋匠那儿补鞋的人越来越多。最终，第二个鞋匠铺也关门了。

日子就这样持续下去，第三个鞋匠依然和从前一样兢兢业业为这个城市的居民服务。当他渐渐老去时，他开始真正懂得了老鞋匠那句嘱咐的含义：要创新，而且不能有贪念，否则必会被社会淘汰。

诚信是金，与人相处还是实实在在的好。有人之所以不断地取得成功，关键是没有贪念，诚信为本。而有些人之所以失败，就在于太计较自己的得失，而不肯替别人着想，更没有把眼光放长远一些。靠投机取巧，对别人无益，最终输掉的还是自己。这种危害自己而对别人没有好处的行为是绝对不值得提倡的，我们都应该引以为戒，扎扎实实地去做人。

职场之道

古罗马人有两座圣殿，分别是勤奋的圣殿和荣誉的圣殿，在安排座位的时候，他们有一个秩序：必须经过前者，才能达到后者，荣誉的必经之路是勤奋，试图投机取巧想绕过勤奋就到达荣誉的人，总是被荣誉拒之门外。一个人要想获得成功，竭尽全力，力求完美是必不可少的，而投机取巧只会害了自己。那些有所成就的人，都有一种优秀的品质，那就是力求完美，并且努力摒弃投机取巧的恶习。

凡事预则立，不预则废

　　身在职场，不会平白无故地升职、加薪，只有有能力，做人有原则，才会获得升职加薪的机会。而做事就一定要做到有备才能无患。与熟悉的人交流需要准备，与陌生人交流更应该准备。只有在事先准备周密，才能在与对方交流的时候多几分胜算。

　　这就是"凡事预则立，不预则废"的道理。不管做什么事也是一样，在职场做事更是这样，只有做好了充分的准备，做起来才能得心应手，才能把事情做好，展现自己的工作能力，得到领导信任和重用。

　　有一次，拿破仑·希尔应邀去为俄亥俄监狱的服刑人员演讲。他一站上讲台，就看到眼前的服刑人员中有一位是他在10年前就已认识的约翰，在他服刑之前是一位成功的商人。

　　希尔演讲完后，与约翰见了面，谈了一会儿，了解到他因为伪造文书被判20年徒刑后，希尔说："我要在60天之内，使你离开这里。"

　　约翰摇了摇头，露出苦笑，说："我对你的精神表示钦佩，但对你的判断力却深感怀疑。你是否知道，至少已有20位具有影响力的人士运用他们可能的方法帮助我获得释放，但没有一个人成功。这是不可能办到的事情！"

　　或许就是因为他最后的那句话向希尔提出了挑战，希尔决定向约翰证明，他一定办到。

　　希尔回到纽约，请他的妻子收拾好行李，准备在哥伦布市——俄亥俄州立监狱所在地，停留一段时间。

希尔的脑海中有一个"明确的目标",这个目标就是要把约翰弄出俄亥俄监狱。他仔细考虑,制订了详细计划。他和妻子来到哥伦布市。

第二天,希尔前去拜访俄亥俄州州长,向他说明了此行的目的。希尔是这样对州长说的:"州长先生,我这次是来请求您下令把约翰从俄亥俄州立监狱中释放出来。我有充分的理由,请求您释放他。我希望您立刻给他自由,而且我准备留在这儿,等他获得释放,不管要等待多久。在服刑期间,约翰已经在俄亥俄州立监狱中推出一套函授课程,您当然也知道这件事:他已经影响了俄亥俄监狱中 2518 名囚犯中的 1728 人,他们都参加了这个函授课程。

"他已经设法获得足够的教科书及课程资料,使得这些囚犯能够跟得上功课。更难得的是,他这样做并未花费州政府的一分钱。监狱的典狱长及管理员告诉我说,他一直很小心地遵守监狱的规定。一个能够影响一千七百多名囚犯努力学习的人,绝对不会是个坏人。我来此请求您释放约翰,因为我希望您能指派他担任一所监狱学校的校长,这将使美国其余监狱的 16 万名囚犯获得学习向善的机会。我准备担负起他出狱后的全部责任。以上就是我的要求,但是,在您给我回答之前,我希望您能够明白,我并不是不明白,如果您将他释放之后,您的政敌可能会借此机会批评您。但实际上,如果将他释放,而且您又决定竞选连任的话,这或许会给您带来更多选票。"

希尔将自己经过深思熟虑的想法对州长说明之后,州长采纳了希尔的建议,将约翰释放。

希尔之所以成功,是因为他没有像其他人那样说服州长释放一个犯人,而是换了一个角度,首先说明约翰并不是十恶不赦之徒,然后,说明约翰给监狱、给州长带来的好处,这样一个经过深思熟虑的建议,自然让人愿意接受。

职场也是这样。凡事"预则立,不预则废"。当我们在职场上奋斗和拼搏的时候,首先应为自己定好目标,预见可能出现的困难和机遇,才能成功。

　　垂暮时分的大森林异常安静，动物们都在休息和娱乐，唯独有一只野狼卧在草地上，耐心地磨着本已很锋利的牙齿，一只路过的狐狸看到了，就对它说："森林里这么安静，猎人和猎狗已经回家了，老虎也不在近处出没，现在又没有什么危险，你何必那么辛苦地磨牙啊？还不如加入我们队伍，和我们一起休闲娱乐呢！"

　　野狼对狐狸的邀请没有理会，继续磨着本已锋利的牙齿，把它们磨得又尖又利，冒着寒光。狐狸又问道："狼大哥你到底去不去啊？"野狼停下来瞥了狐狸一眼说："你这个狐狸，怎么目光这么短浅，如果有一天我被猎人或老虎追逐，到那时，我想磨牙也来不及了。只有平时把牙磨好，那时才可以保护自己。"

　　这则故事，清楚地说出了充分准备的重要。"万事俱备，只欠东风"，可要想真正抓住机会，就必须得在"东风"吹来之前就做好"万事"。我们若想成功就必须修好基本功，扎实地打好基础，不断提升自己的能力。

职场之道

　　在职场，无时无刻都会有机遇降临我们身边，又有无数的机遇与我们擦肩而过。有的人抓住了机遇，从而升职加薪，职场一帆风顺；而有的人，却默默无闻，直到黯然离开职场，从未抓住一次升职加薪的机会。是能否抓住机遇，就看我们是否认真地准备过。所以在机会未来的时候就要，做好充分准备，并在机会来临之时将其紧紧抓住！

与同事最好保持最佳距离

职场人士，每天与同事相处的时间是最长的。自从"私人空间"的概念被提出之后，我们就不能忽视合理的社交空间和公共空间，所以，与同事也应该适当地保持一定的距离。

职场生活已经成为上班族人生中的重要一部分。在与同事相处的过程中，就会产生朋友式的关怀和感情。但是，有句话说得好，距离产生美。现代职场中，同事之间保持若即若离的关系，被认为是最难得和最理想的应酬哲学。

美国精神分析医师布列克对同事之间的关系做过一个形象的比喻：寒冷的冬天，两只刺猬相互靠近是为了取得温暖，然而过近又会刺痛对方，太远又无法达到取暖的目的。因此，刺猬要控制两者之间合适的距离，既不会刺痛对方，又可以相互取暖。

这种"刺猬式"的关系，形象生动地描述了同事之间若即若离的关系。同事间过于亲密，不但会像刺猬一样刺痛对方，还容易侵犯对方的"隐私"，影响各自在公司的形象和日后的发展。

王磊和张海毕业于不同大学，同时被某大型公司聘用。机缘巧合，两人上班第一天就认识了，而且还有一见如故的感觉。聊天后知道他们还是老乡，于是又增加了几分好感。因为家在外地，所以闲暇时间两人常在一起聊天、打球。

同事加老乡的关系，慢慢使两个年轻人成为无话不谈的知己。王磊家境困难，家里为了供他上大学，欠下了许多外债，所以在工作之余，他又找了一份兼职会计的工作。他这种做法违反了公司的规定：凡涉及财务工作的人员，一律不许做兼职财务工作。

　　由于公司的这个规定，王磊一直都没对张海说自己在外兼职的事情。但是，后来张海发现王磊下班之后也忙得不可开交，仔细询问后才知道王磊私下还做了一份兼职工作。起初，张海很同情王磊的处境，因为他从小就过着衣食无忧的生活，还从来没有见过这么辛苦的同龄人。

　　因为王磊工作努力，而且业务掌握得很快，加上说话办事很有分寸，所以深受领导和同事的喜欢。张海就不同了，虽然业务掌握得也很好，但他从小就养尊处优惯了，不懂得与同事相处，很多人对他公子哥的作风心有不满。

　　公司每年都会选派一名优秀员工到德国著名商学院培训，回到公司时就会升职加薪，所以这是公司职员梦寐以求的机会。经过层层选拔，最终王磊和张海都被列入了候选人名单。此时，王磊对张海说："要是我们两人都能去，该有多好！"张海回答说："希望如此。"

　　没过多久，公司就有人传小道消息说："这次出国培训选定的人是王磊。"尽管还没有正式公布，但大家也觉得这几乎可以确定了。这时，张海感觉极不舒服，情绪非常低落，因为他也想得到这次公派出国学习的机会，于是，他就给总经理寄了封匿名信，举报王磊在外做兼职。

　　当结果公布时，张海榜上有名，于是，王磊就找到经理，请求也让他参加这次培训。

　　经理看了一眼王磊，冷笑道："你就别去了，因为你太忙了。"

　　王磊不解地看着经理，严肃地说："我不明白您的意思。"于是，继续解释道："您是不是指我手上的项目，我会尽快完成的。"

　　经理马上沉下脸来说："如果你去培训，那家小公司怎么办，谁来替你管理财务？"

　　王磊被这突如其来的指责说愣了，他一时还弄不清楚经理怎么会知道此事，出于本能，他辩解道："我做兼职也是迫于无奈，而且这没有影响我正常的工作……"还没有等他说完,经理就做了一个暂停的手势,说:"好了,你忙你的去吧,我还有事。"接着就冲王磊摆了摆手。王磊无奈之,只好灰溜溜地走出了经理办公室。

王磊没想到一句"你太忙了"会成为阻止他培训的理由。但是,总经理又是如何知道他做兼职的事情呢?这件事他只告诉过张海一个人,并且与那家小公司签约的时候,对方也答应过替他保密,那么答案只有一个,就是他被张海出卖了。

职场对每个人都是竞争激烈的地方,最终目的不过是为了占取更多的经济利益,你的隐私会成为对方攻击你的绝招。所以,同事之间非常有必要保持一定的距离,记住:"逢人且说三分话,不可全抛一片心。"

同事之间要保持一定的距离,最好是"君子之交淡如水",泛泛之交而不是投入过多的感情,可以真心诚意地共事,合作解决工作中的问题,但是一定要把握好同事之间的距离。更值得注意的是,与异性同事更要保持适当的距离。

刘彬在公司工作5年了,算得上老员工。但他的职位并没有随着资历的加深而提升。名牌大学毕业的他依然只是一名小主管,而同进公司的同事早有人被提升为经理。难道是刘彬的工作能力不行吗?还是他不够优秀?完全不是,他能力很强,也很优秀。但为什么他每次都与晋升失之交臂,而且同事、朋友不但不同情他,反而有些幸灾乐祸。这是什么原因呢?

原来,刘彬在公司有个"爱神"的绰号。公司只要新进来一位女同事,他肯定会第一时间冲上去嘘寒问暖,不是叫"妹妹",就是叫"姐姐",极亲近。刘彬的这种"博爱"表现常被同事们戏称"他感情太过充沛"。对此,刘彬也不以为意。

事实上,尽管刘彬偏袒女同事,但他从来没有出过作风上问题,刚开始女同事都觉得刘彬有些怪异,时间长了,发现他本质还是不错的。

在技术部竞聘总监的时候,刘彬的呼声可以说是最高的,但是,与此同时他也是争议最多的。有同事说:"刘彬确实能力超群,能够胜任此职。"也有人说:"刘彬根本就不能做管理者,因为他太轻浮了,没有责任心。"总经理也对他偏袒女同事的行为略有耳闻,于是,就顺嘴说了一句:"见了女同事两眼就发亮,要是给他点权力,肯定会不知该怎么好了!"

就这样,董事长当即拍板说:"这个职位的人选还是另作打算吧!"一句话就使刘彬的晋升化为泡影。

刘彬的故事告诉我们,与异性同事的距离过近,不仅会在同事中造成不好的影响,还会给上司留下不好的印象,进而影响职场生涯。

同事之间过于亲密还会给上司带来危机感。如果上司看见员工间过于亲密,拉帮结伙,他认为这会削弱自己的势力,给管理造成不便。上司一旦滋生出这种想法,便会想方设法地打击你的势力,压制你的能力,削弱你的影响,甚至将你打入冷宫。

所以,与同事之间保持适当的距离,于人于己都有好处。

职场之道

身在职场,与同事保持一定的距离是非常必要的。这也是保护自己,避免伤害所需要的。同事之间最好是"君子之交淡如水",泛泛之交而不是投入过多的感情。可以真心诚意地合作,共同解决工作中的问题,但是一定要把握好同事之间的距离。

学会隐藏自己的弱点

每个人都有弱点，只是有的人弱点比较隐秘，如果不深入了解是很难找到的。有的人弱点就写在脸上，很容易就被人发现。这其实是非常危险的，特别在竞争激烈的职场，一旦被人发现了弱点，就可能被人利用。

梁军是一个非常热情的人，在一家公司的小组里担任组长。张钰是最近来到小组的新同事，梁军手把手地教张钰业务上的事情。

这样，两个人在一起沟通的时间比较多，张钰很快知道，梁军是个非常热心的人，而且为人仗义耿直，如果有为难的事情，他宁愿为难自己也不为难别人。

张钰刚进公司，对业务陌生，做起事来很慢。很多时候，别人已经下班很久了，张钰没有完成任务，不能走。这时，梁军也常留下来帮助张钰。

有一次，张钰哭着对梁军说："组长，都是因为我太笨了，所以连累你。"梁军看见张钰哭就说："不要这样说，你也不是故意的，是想把工作做好啊。"谁知道张钰哭个不停，梁军看见张钰这样，就问："你有什么为难的事情吗？"

张钰摇了摇头，但还是在哭。

梁军说："没关系，你说吧。有什么事情，我能帮你解决的就一定帮你解决。"

张钰哽咽着说："组长，我是新人，本来应该多学习一点业务。我也知道我自己做事比较慢，但是这件事情发生以后，我真的是非常为难啊。"

梁军说:"你说吧,能解决我一定会帮你的。你放心,不要难过。"

张钰说自己的一个朋友因为生病需要照顾,而自己天天加班到很晚,想照顾朋友也没有办法,她看见朋友生病一个人,也没有人在身边照顾就觉得非常难过。但是,工作上的事情也不能耽误,所以就非常为难。

梁军听见张钰这样说,毫不犹豫地说:"反正到了下班的时间,留下的工作也不多了,如果不是什么重要的事情,就交给我,我处理会快一些。你先去照顾你朋友吧。"

张钰听梁军这样说,对梁军很感激。但张钰留下的工作非常多,为了做完张钰留下的工作,梁军经常很晚才回家,梁军的妻子很生气地说:"你天天回家这样晚,不如住在公司好了。"

张钰是新人,又遇到了这样的事情,梁军也不好说她,他是宁可自己为难也不让别人为难的人。所以梁军在张钰照顾朋友这段时间,只得一个人做两个人的工作。

一天,副组长到梁军的办公室说:"组长,我想和你说一件事情,我觉得你根本就是被人家利用了。"

梁军看着副组长,不知道他说的是什么意思。

副组长说:"组长,你为什么要天天帮助那个新人张钰处理工作上的事情呢?如果她不锻炼,是不会有进步的。你到底是因为什么啊?"

梁军于是把张钰说的事情跟副组长说了一遍,副组长叹了一口气说:"我猜的果然没错。有一天下班以后,我和朋友在一起吃饭,看见她和几个人也一起到饭馆吃饭。随后的几天我都特别留意她,我发现她经常在下班以后和别人去吃饭或逛街,哪里去照顾什么病人啊。"

梁军说:"你一定是看错了,这个小姑娘不会这样做的。"

副组长摇着头说:"我觉得,你根本就是被她利用了,她肯定早就看出你是个热心的人,而且为人耿直。你如果不相信我说的话,你可以现在就把她叫来问一下。"

梁军并没有问张钰什么,而是暗中做了一下调查,发现事情果然像副组长说的那样。梁军了解了事情的真相以后，才明白原来张钰就是利用他的耿直热情、不喜欢为难人这些弱点，不愿意加班才想出这样的主意，让梁军帮自己加班。

当然，梁军最后找张钰谈了这件事情，张钰虽然承认了自己的错误，但态度并不诚恳。梁军没有办法，因为他已经帮张钰加了半个月的班，但是也不能因为这样就算张钰旷工，因为张钰从来都没迟到和早退过。张钰对梁军保证，以后再也不会做这样的事了。但是，梁军已经吃亏在先了。

现实中，利用别人性格上的弱点来达到自己目的的人有很多。很多人由于不在意让人发现了自己的弱点，很容易被人利用，吃亏的就只能是自己，而且自己吃了亏，也拿算计自己的人没办法。所以，为了不被人利用，最好隐藏好自己的弱点。

职场之道

每个人都有弱点，但并不是所有的弱点都要让人知道。尤其是在职场，同事之间是合作和竞争的关系，这就更需要谨慎，避免暴露自己的弱点，以防止被不怀好意的人利用，让自己吃亏。就像那句话说的："没有永恒的朋友，没有永恒的敌人，只有永恒的利益。"隐藏自己的弱点，是对自己的保护，这是职场人士应该明白的一点。

在人屋檐下，不得不低头

身在职场，不可避免要受人领导，作为下级你就要听从上级的指令。俗话说："不怕官，就怕管。"在上级面前，硬要坚持己见，跟上级顶撞，就相当于拿鸡蛋碰石头，只能给自己带来麻烦。所以，应当学会能屈能伸，在适当的时候应当"以忍为上"，正所谓"识时务者为俊杰"，没必要为了眼前的小亏而影响将来更大的利益。在强势面前，要学会低头，不要去做无谓的牺牲。人在屋檐下不会低头，会碰得头破血流。

美国有位有名的矿冶工程师叫赫蒙，他毕业于耶鲁大学，后来又拿到了德国佛莱堡大学的硕士学位，他对自己很高的文凭也感到很自豪。但是，他满怀信心地去见美国西部的大矿业主赫斯特时，却受到了冷遇。在把一大堆的文凭递给赫斯特时，他以为赫斯特会感到非常惊喜，没想到，赫斯特在看到他那一堆文凭时却冷笑着扔到了一边。

赫斯特是性格古怪的人，他本身没有任何的文凭，也不喜欢有高文凭的人。还没等赫蒙问明原因，赫斯特就已经很不礼貌地对他说道："我不用你的原因就是因为你有德国佛莱堡大学的硕士文凭，我不需要一个只懂得高谈阔论的理论家。"听到赫斯特如此说，赫蒙非但没有生气，反而对着赫斯特小声地说道："我想告诉你一个秘密，你可要替我保密不要让我父亲知道。"赫斯特说："当然可以，你说吧。"这时赫蒙走到赫斯特的面前小声说："其实我在德国佛莱堡大学的三年差不多就是混过来的，并没有学到什么东西。"赫斯特一听笑了，说："哈哈，那没什么，你明天就来我们这里上班吧！"

赫蒙通过适当贬低自己从而顺利地得到了那份工作，当然这不仅是抓住了赫斯特的心理，而且对赫蒙本身也并没有什么损伤，虽然他贬低了自己的文凭，但是他的知识不会因此而有丝毫降低。如果他一味地吹嘘他的文凭，就会惹恼赫斯特而得不到这份工作。因此，在某些情况下适当贬低自己，是有一些好处的。

隋朝末年，隋炀帝荒淫无道，政治腐败，人民生活困苦，各地农民起义风起云涌，整个社会动荡不安，许多地方的官员也纷纷倒戈，隋朝处于危机灭亡时期。这时的隋炀帝疑心很重，对很多拥有重兵的地方官员都不信任。这时唐国公李渊在地方威望很高，他结识各处豪杰收兵买马，树立自己的恩德。他的这些行为让隋炀帝心中更加不安，对其猜忌越来越深，而且加强了对李渊的防范。

有一次，隋炀帝召见李渊到行宫来觐见，李渊因病未能前往，这更增加了隋炀帝的疑心。当时李渊的一个外甥女是隋炀帝的妃子，隋炀帝问她："李渊为什么没有来觐见呢？"这位妃子答道："他生病了。"隋炀帝又接着问："会死吗？"

后来李渊的这个外甥女把隋炀帝的话传给了李渊，李渊听后知道隋炀帝对他疑心很大，自此做事更加谨慎。他知道现在起兵力量还太弱，只有先隐忍等待。他为让隋炀帝放松对他的警惕，故意广纳贿赂，败坏自己的名声，整天沉湎于声色犬马之中，而且大肆张扬。隋炀帝在听到这些后觉得李渊也是庸者，成不了大气候，也就逐渐放松了警惕。

但李渊一直暗中积累力量扩大兵力，最终推翻了残暴的隋朝统治，才有了繁华昌盛的大唐盛世。

孔子言："小不忍则乱大谋。"凡想成就大事之人能够忍得一时之痛，正所谓，退一步，海阔天空，凡是伟大的人都有着超强的忍耐能力。周文王曾忍食子之痛；孙膑曾忍断足之苦；韩信曾忍胯下之辱；勾践曾忍破国之屈。因为他们能忍，才能够名留千世。

有远大志向的人就不要计较小的得失，不要把精力耗费在琐事中，放眼未来、大事，才能够成就不朽的伟业，实现远大理想。就像李渊，要么在隋炀帝面前低调做人，忍得一时之气，保存实力，要么他忍受不了，提前兵变，则可能因准备不足、时机不成熟而遭到失败。懂得低调做人的人，在自己还是弱者的时候，会忍得一时，从而成就长远功业。

富兰克林是美国著名的政治家和科学家，也是美国的开国元勋、著名的《独立宣言》的起草人。年轻时，他曾去拜访一位老前辈。当他昂首挺胸地走进前辈的小屋时，他的头"咚"的一声撞在了门楣上。前辈听到声音走出来，微笑着说："这是你来此得到的最大收获。以后你将懂得在人生路上要时刻注意低头前进，你的一生才能够平安无事，你也才能够让自己不受伤害。在该低头时一定要低头，也只有这样你才能够最终成就伟大的功业。"富兰克林听后抚摸着自己被撞痛的脑袋连连称是。从此他牢记着老前辈的教诲，把"必须时时记得低头"作为毕生为人处世的座右铭，最终成为美国史上的一代伟人。

富兰克林作为名人，都肯于低头，我们为何做不到呢？在生活中我们应当时刻记得要低头，只有学会低头，肯于低头，才能不受伤害，也才能够更好地保护自己。当我们在为生活中的一些琐事斤斤计较而筋疲力尽时，不妨低一低头。退一步海阔天空，学会低头才能让生活更加美好快乐，少一些烦恼。

人在屋檐下，就应当低头，这是保护自己的一种最好方法。而且低头并不会伤害我们的自尊和人格，还会证明我们有很高的涵养，懂得为人处世的方法。如果不会低头，一味地刚强，只能给自己和他人都带来不必要的损失和伤害。谦虚低头的是稻穗，自大昂头的是稗草。我们一定要该低头时就要低头，这时职场生存和发展是最重要的。

>>> 第四章 职场的人脉之道

尽管能力、品德、个人努力等都是成功的关键因素,但是,在职场,更需要有广泛的人脉,人脉是成功的助推剂。"30岁前靠能力,30岁后靠人脉。"一个人事业的成功,80%的功劳就来自人脉。职场人士掌握了职场的人脉之道,就等于找到了开启成功大门的钥匙。人脉是宝贵的资源,是无价的财富。人脉让我们的道路越走越宽。

缔造良好的人际关系，为成功搭设平台

上班族身在职场就要与人相处。很多人只想着利益最大化，没有想到情义长久化。很多人怕吃亏，一点利益斤斤计较，一点困难掉头就跑，这样很难赢得同事的友情，人际关系自然不好。

不怕吃亏，对任何人都应该如此，只有肯吃小亏，才能赢得人际关系，广蓄人情，才会赢得别人的信赖和帮助，才能把事业做大。其实，不管是大亏，还是小亏，该吃就得吃，人情在了，以后肯定会有成倍的回报。主动付出，看似吃亏，实则为得福。

"红顶商人"胡雪岩，本来是一家店铺的伙计，经过打拼，成为江浙一个小商人。虽然只是一个小商人，但是他善于经营，做人更没得说，常常只是一些小恩惠就能把周围的人聚集起来，为他出力。

小打小闹自然不能让胡雪岩知足，因为他一直想成就大事业。他想得很长远。在中国，重农抑商是每个朝代的惯例，如果单纯靠经商出人头地太难了，而大商人吕不韦独辟蹊径，从商场到官场，相秦二十年，可谓名利双收，胡雪岩坚定了走这条路子的信心。

当时的王有龄是杭州一个不起眼的小官，但有向上爬的志向。他没有钱，可当时钱是升职的敲门砖。胡雪岩在与王有龄交往中，发现两个人有共同的目的，可以说是殊途同归。王有龄对胡雪岩说："雪岩兄，我也不是没有门路，只是囊中羞涩，想要升职没钱是不行的。"胡雪岩坚定地说："我愿倾家荡产，助你一臂之力。"王有龄说："我富贵了，定不会忘记胡兄的帮助。"

胡雪岩变卖了自己的部分家产，为王有龄准备了几千两银子。王有龄去京师求官，胡雪岩则仍操旧业，对别人的嘲笑一点也不放在心上。

几年后，王有龄官至巡抚，亲自登门拜访胡雪岩，问胡雪岩有什么需要帮助的，胡雪岩说："祝贺你福星高照，我并无困难。"

但是，王有龄是个非常看重交情的人，当年胡雪岩雪中送炭，他自然不会忘记。于是，他利用职务之便，多方照顾胡雪岩的生意，胡雪岩的生意自然是越做越好、越做越大，他也更加看重与王有龄的关系。

正是凭着能吃亏的功夫，胡雪岩迅速发展壮大起来，可以说是吉星高照，后来被左宗棠举荐为二品大员，成为清朝历史上唯一的"红顶商人"。

俗话说："吃亏是福"，这句话的绝妙之处只有聪明人才懂。吃亏不要紧，重要的是赢得了人情。以吃亏来交友，以吃亏来得利，是非常高明而且有远见的人才具有的办事技巧。

中国人做人做事讲究人情，你吃亏不要紧，你成了施者，他人就是受者。尽管从表面上来说，你吃亏了，他人得利了，然而，你却因吃亏，做足了人情，在友情、情感的天平上，你有了非常重的砝码，这是多少金钱都难买来的。

良好的人际关系不仅能使一个人和谐地融入群体，能使自己的知识和能力得到极大的拓展，而且是与他人合作，实现互惠互利伙伴关系的基础。为了使自己获得最大成功，需要别人帮助，所以，缔造良好的人际关系是职场生存和发展的前程，不能忽视。

总之，吃亏能广蓄人情，建立起自己的关系网。一个能吃亏的人，在他人眼中是豁达、宽厚的人，这是比金钱更宝贵的财富，能够让他人心甘情愿地帮助你，为你办事。吃亏也是职场做人做事的重要秘诀。只有懂得吃亏，才能缔造良好的人际关系，赢得他人信任，是升职加薪的重要因素。

职场之道

职场人士的最大财富是人际关系，良好的人际关系是开启成功之门的金钥匙。要取得更大的成功，离不开社会环境，离不开周围的人。所有成功的人都有一个共同的特性——懂得如何有效地同别人打交道，缔造良好的人际关系。

要懂得与同事分享成功和快乐

很多公司都非常重视团队精神，强调合作，反对个人英雄主义。在自己取得成绩的时候，要懂得和同事一起分享成功和快乐，不能把功劳揽到自己一个人头上。哪怕主要是自己做出了贡献，也要归于大家支持和帮助，不然只能走向孤立。

但有些人非常相信自己的个人能力，认为自己所以取得成绩，就是因为自己才华出众，工作效率高，无视别人对他工作的支持和配合。故而，在取得成绩的时候，他既不感谢上司的正确领导，也不感谢同事们的配合和支持，更不和同事们分享成果和快乐。结果，同事们纷纷疏远他，导致他在同事中很孤立。尽管他个人能力非常出色，但没有好的人际关系，缺乏群众基础，有新的职位空缺时，他也只好眼睁睁地看着别人升上去，心里又气又恨，却又没有办法。

何琳近来情绪非常差，她刚在竞争办公室主任中失败。

本来，何琳是办公室的得力干将，工作表现相当好，经常获奖。不久前，办公室主任升职。主任在临走前，特别向上级部门推荐何琳接任办公室主任。

上级部门在对何琳任命之前，例行做了秘密调查，专门找了何琳办公室的几位职员谈话，无意间提到了何琳几次，结果同事们多说何琳"抠门""自私""不合群""孤傲"等。最后，上级领导部门没有任命何琳为办公室主任，而是选择了办公室另一个人缘好，但业绩一般的同事。这对何琳无疑是一个非常沉重的打击，情绪低落在所难免。

何琳为什么不受欢迎呢？原来，何琳的工作能力异常突出，经常被评为优秀员工，获得大笔奖金。有一次，一个同事吵着要她请大家到麦当劳去大吃一顿。但何琳认为，这是自己的劳动所得，理所当然，没有必要请大家，于是就拒绝了。没有想到，她这一举动不仅得罪了那个同事，而且还导致整个办公室的同事都对她有了看法。更让大家难以忍受的是，何琳在开会发言中往往只提自己的功劳，同事们的配合和帮助，她竟然只字不提。于是，一些同事便想办法不配合她。

有一次，何琳联系的一个客户打电话来找她，何琳刚好出去。她的一个同事居然在电话里说："公司里没有叫何琳的，请以后不要打电话来！"以致后来，何琳在与该客户打交道时，被人家认为是骗子。有了这件不愉快的事，何琳与同事的关系越来越僵。最终何琳被办公室的同事完全孤立了。

在办公室里，同事之间的关系是竞争合作的关系。一个人取得了成就或多或少都有同事的帮助，应该主动地与同事们分享。何琳的同事在她获得巨额奖金时，要求她"请客"，其实并不是要从她那里得到什么，只是想分享她成功的快乐而已。而何琳固执地认为，自己的努力所得与他人无关，这样必然会引起同事们的不满。彼此之间有了这样的隔阂，以后还能合作下去吗？还能得到大家的好口碑吗？口碑不好，没有群众基础，又怎么可能走上领导岗位呢？

俗话说："吃别人的嘴软，拿别人的手短。"身在职场，如果你取得成功时，能够慷慨地把自己的成功与同事们分享，同事们得了你的好处，领了你的情，你还担心他们在今后的工作中不会一如既往地支持你吗？

总之，在职场，一定要懂得和同事一起分享你的成果和快乐，如果你自私地独享荣耀，总有一天你会独吞苦果。这话不是危言耸听。身在职场，要想玩转你的同事，一定要记住，有了成果和荣誉，要和同事分享。把同事和你捆绑在一起，才会有同事支持你，你才能取得更大的成功，不然你只能沦落到被孤立的境地。

职场之道

在职场上,同事首先是你的合作者,然后才是你的竞争对手。你取得了成就,获得了荣誉,对他们来说,无疑是对他们晋职加薪的一种威胁。这个时候,精明的职场中人士不是沾沾自喜地独享荣誉和快乐,而是如何消除同事们的妒忌和不安心理。最好的办法是把你的成就和荣誉归功于大家,和大家一起分享。一旦同事分享了你的成就和快乐,不仅会消除对你的妒忌,还会为你"有福共享"的精神感动。这样就会积累人脉,为更大的成功打下基础。

不要传播小道消息

办公室里，可能有人向你倾诉心事。知道别人的私事，不一定是好事，尽管他把你当朋友才对你倾诉，但这更有可能平白给你惹来麻烦，甚至埋下定时炸弹。因为同事间夹杂了复杂的利害关系、人事关系，今天的好搭档，明天有可能变成对手。为了更好地保护自己，最好的办法就是不要轻易将感情放在同事身上，只要合乎礼貌、一般的人情就可以了。当某同事向你诉苦的时候，你不妨改变一下方式。

可以关心同事，但尽量避免单独关心。对方找到你，知他有大量"苦水"，不妨多找一个同事，一起去开导他。对方讲的私事，可以客观地给他分析，但提意见的时候一定要慎重，最好避重就轻。"我以为这件事不一定是好事，但我的意见并不一定全面，你最好将整件事重分析一下，再决定对策。"假如对方烦的是公事，那你只能当一位听众，千万别胡乱发表意见，以免卷入无谓的旋涡。

很多时候，或许因为你的一时口快，或者误以为对方早已知晓，就算是无心之失，把某同事的私人秘密说了出来，该怎么办？

比如说，你与某甲在一起吃午饭，某甲明明与某乙表面上很友好，而你就认为两人关系非常好，以为对方一定对某乙之事了如指掌，于是你问："某乙那天去见客户碰钉子，真是倒霉！"对方瞪着双眼反问："他究竟发生了什么事呢？"这个时候你才明白原来某甲不知道这事，你该怎么补救？无疑，你已经成了小道消息的传播者了。

你只能岔开话题，答非所问地说："我是说某乙那天迟到，却正好碰到上司。"可以随便找一件小事来岔开那个话题,装做漫不经心的样子,然后尽快另找一个话题,将对方的注意力分散。

这样的情况绝对不是少数,你一定要对别人的私事守口如瓶,让那些破事烂在肚子里。不然你一旦成为小道消息传播者,就会遭人厌恶,到时候,你百口难辩。友情没了,自己在别人心中的印象也会一落千丈。

在很多时候,别人对你倾诉,你最好只做一个听众,而不是评判者。千万不要在别人的恩怨中掺杂自己的意见,不然你可能里外不是人了。总之,与同事保持距离乃上上之策,不参加意见,也不费神去理解,对你是有益无害。

在职场有一个重要原则,就是要牢牢管好自己的嘴巴,记住"祸从口出"这句至理名言。不传播小道消息,更不能不负责地传播谣言。传播小道消息会得罪人,给自己带来麻烦。另一方面,上司都不会喜欢爱传播小道消息的人,这无疑为自己的升职加薪带来无法逾越的障碍。谣言止于智者!

经营利于晋升的人际关系

人脉资源是一笔宝贵的财富。特别是在我们这个讲究人情面子的国度里，有了人脉，就容易做成事情。有的人官职不大，地位不高，但是有令人惊讶的能力，所到之处，没有解不开的难题、过不去的火焰山，左右逢源，得心应手，这是什么原因呢？这就是人脉的作用。

"同事升迁、加薪与我无关"，很多职场人士遇到这样的情况都是这样的态度。或许，还郁闷地想升职加薪的为什么不是自己。职场人士，追逐发展、晋升是正常的，但是，是随波逐流，被动等待被提拔的机会，还是主动出击，制造并把握晋升的机会呢？职业的发展之路，晋升，又到底是谁说了算呢？

赵肖勇是一家公司营销团队的一位主管，他与公司里另一个营销团队的陈经理在能力上旗鼓相当，业绩也不相上下，两个人都视对方为"劲敌"。但两个人也有区别，赵肖勇和老板关系一直不错，但是和手下关系却不好，陈经理却和他恰恰相反。

赵肖勇自认为和老板非常要好，所以很自信，认为陈经理迟早会成为他的下属。他相信只要老板一句话，自己就可以平步青云，只要得到老板赏识和认同，晋升是早晚的事。

没过多久，公司的销售政策有些变动，对业务员的收入造成了影响。这时，老板分配下来一项任务，要赵肖勇和陈经理给自己的业务员解释一下政策上的变动，以便能够配合好公司日后的工作。

赵肖勇一直把心思都放在老板身上，和下属的关系始终没有得到改善,他手下的业务员对他充满了抵触情绪。赵肖勇向手下公布了公司的新政策后,他手下的业务员一致认为是赵肖勇联合公司里的高层"忽悠"他们。结果,不到两天,赵肖勇手下的业务员全部跳槽了,他的业绩也因此跌入低谷。

尽管赵肖勇和老板的关系非常好,但依然没有保住他的职场前途。老板非但没有保护他,还因此降了他的职,逼赵肖勇辞职,他感到苦不堪言,欲哭无泪。

无奈赵肖勇辞职了。离开公司的那天,他曾经的劲敌陈经理邀请他一起吃饭。借着酒劲,他问陈经理:"我们都是部门经理,这做人的差距怎么就这么大呢?"赵肖勇一直想不通,同样的两个团队为什么他失败了,他甚至怀疑是陈经理和高层有"特殊关系"。

陈经理很坦诚地说出了其中的原因。原来,在这场没有硝烟的职场斗争中,陈经理所以胜出,是因为他和业务员有良好的关系。面对老板新出台的销售政策,他说服了核心业务员支持公司的变革,然后让核心业务员们逐一说服团队里的其他业务员。业务员的思想工作做通后,他很快又召集大家一起制定新的营销策略,从而超额完成任务,使大家的收入未受太大的影响。

在众人齐心协力下,陈经理的团队很快渡过了难关。在年底总结的时候,陈经理团队的销售成绩居然比上年翻了一番,而且大多数业务员拿到的报酬都比往年还多,陈经理因为领导有方得到上司的升职任命。

在公司里老板是最高决策者,在提拔、加薪各个方面是最有话语权的,所以在很多职场人士看来,"近水楼台先得月",最重要的是把握和处理好与老板的关系。但是,事实不是这样,只有让老板认为你是对公司有用之人,认可你的能力,肯定你的业绩,才是职场中立于不败之地的重要的学问。老板作为公司之主,自然要对公司负责,他考核一个人是否能晋升的最关键因素就是这个人对公司做出的贡献。因此,经营好人际关系才能为自己创造出更多的晋升机会,得到老板的赏识和认同。

很多人的职场失利不是因为能力不够,而是不懂得经营人际关系,单纯地认为只要和老板搞好关系就可以加官晋爵,而没有搞好自己赖以生存的下属关系,最终孤立了自己,使自己业绩一落千丈。从上面故事可以清楚地认识到,只有搞好人际关系,赢得人心,才能寻求到晋升的机会。

在职场这个由多种人际关系组成的圈子里,哪种人际关系最有利于你晋升的呢?这就需要你善于观察、用心揣摩,做到八面玲珑,任何一种人际关系经营不善都可能葬送你的职场前途。职场的成功只属于那些做事老道的人。经营好有利于你晋升的人际关系,会给你打开走向职场高处之门。

对职场人士来说,尽管决定你升职、加薪的关键在老板,但牵制你发展和晋升的另一个关键因素就是你的同事、你的下属以及你的客户。你的人际关系是老板给你评分的一个重要方面。只有把各个方面的关系搞好了,才能为自己的晋升和加薪铺平道路。

睁大眼睛，找别人的亮点

职场里的人形形色色，于是有些人就难免会出现这样的感慨：办公室里似乎有那么几个看起来很不顺眼、让人感觉非常讨厌的人，他们性格古怪、马屁不断……但是，不知道这些发出感慨的人想过没有，为什么价值观、性格相差这么大的人能成为同事呢？

或许很多人都没有想过这个问题，而是以一句"林子大了，什么鸟都有"来表达自己的不满。有的人则采取冷处理原则：不接近、不疏远，保持"安全距离"。但是这种处理方法是否正确呢？

张敏是一个年轻活泼、富有朝气的女孩。在公司工作了3年，和大多数同事相处还算融洽，但有一个男同事，让张敏觉得和他格格不入。不止张敏如此，公司里的其他同事对这个男同事意见也很大。所以，在张敏看来，这个男同事就是自己的"职场冤家"。对这位同事，张敏刻意和他保持距离。当听到别的同事议论他，她也搀和几句。

"尽管看起来他很好相处，但他几乎什么事情都想争第一。老板刚提出加班，他马上举手表示赞成，好像他是全世界最勤奋的人，害得我们都成了绿叶，他成了红花。"张敏愤愤不平地说。

不久前发生了一件事，让张敏对这个男同事的看法完全改变了。那是一次非常意外的情况，老板把张敏叫进办公室，没想到办公室里还站着一个人。张敏一看正是让人讨厌的男同事。原来老板手头有一项非常紧急的任务，希望张敏能和这位男同事合作按时完成。尽管张敏心里一百个不乐意，但这位男同事一本正经地听着老板的部署，张敏把到嘴边的话又咽了回去。走出办公室时，张敏甚至还有些抓狂的感觉，"今天怎么会这么倒霉啊？"

然而，在和这位男同事经过了几天的合作之后，张敏发现情况并没有想象中的那么糟糕。尽管这位男同事平时那么让人讨厌，但是他为了赶工作进度，每天都加班加点，而且有时他看到张敏过于辛苦，还会主动帮助张敏承担工作，让张敏先回去休息。

"原本在我看来他很讨厌的缺点，比如要强心很重，在合作时却似乎转化成了他的优点。若不是他凡事追求完美、效率，或许我们的工作进度还不会这么快。"张敏在这次合作中有了深刻的体会，"原来我以前一直戴着有色眼镜看他，所以一直没有发现他的优点。"

在公司例会上，老板特意表扬了张敏和这位同事。张敏突然想到：同样的一个人，远观和近看竟然会有这么大的不同。

这样的职场故事相信也在我们身边发生过，那些看起来非常让你厌恶的同事是否也被你打入"冷宫"了呢？你是否努力寻找他们的闪光点了呢？当摘下有色眼镜再去看同事的时候，我们往往会发现以前误解了同事，本来我们眼中的那些缺点，几乎全都是优点。很多时候，我们更在乎别人的缺点，却因此忽视了别人的优点。所以，在职场我们多留意他人的闪光点，看到的情况就会完全不同。

　　身处职场,我们每个人都不可避免地要与同事合作,所以,在平时,我们不要总是戴着有色眼镜去看身边的同事,在看到同事缺点的时候,更要去努力发现同事身上的闪光点。公司的发展以及个人业绩的取得也是依赖整个团队合作,因此,排斥同事只能阻碍自己职场的发展。所以,一定要善于发现同事的长处和亮点,才能和同事在合作中取得事半功倍的效果。

不要为自己设立职场"假想敌"

在职场中，同事之间是竞争的关系，但这不意味着要时刻防着同事，把同事当成自己的"敌人"。除了竞争关系，同事之间更应该合作。而很多人，往往因为利益的关系及个人的主观判断，为自己增加了"敌人"。这必然会造成人际关系的紧张，对自己的职业生涯有很大影响。

李彬已是一家公司市场部的总监，工作可以说是顺风顺水，老板对他更是青睐有加。但在这大好状况下，李彬却犹豫着是否要辞职。

目前市场不景气，很多人想要寻找这样一份好工作是非常困难的。所以，李彬在这种矛盾心理下，经过多番考虑，找了一家专业心理咨询机构寻求帮助。

咨询师询问李彬为什么要辞职，李彬支吾了半天才说出原因，原来他很不喜欢公司的人事部总监。他觉得这个总监有些装腔作势，常跑到老板那里打小报告。几天前，有个同事因为一件小事被老板辞退了，李彬认为就是他暗中使坏造成的。

而李彬因为工作的原因，却需要经常和这位总监打交道，这让李彬非常痛苦，于是想到了辞职。但就这样离开公司，他又有些不甘心，因为到了新公司一切得从头开始，收入和地位都会受到很大的影响，这对他的职场生涯是很不利的。

咨询师还发现，李彬上一份工作也是遇到了类似的情况才辞职的。本来和李彬同级的一个同事被提升成了他的上司，李彬觉得这个人喜欢阿谀奉承，做人很虚伪，对这位同事非常厌恶。他还觉得这位同事常把别人的功劳据为已有，因此才会爬得这么快。李彬无法忍受这样一个人来领导自己，无奈只好选择了辞职。

李彬自己也很纳闷，怎么到哪家公司都会遇到这种类型的同事呢？

咨询师经过分析认为，李彬所遇到的问题并不是别人的问题，而是他自身出现了问题，因此才会导致这样的情况接二连三地出现。咨询师将李彬不喜欢的这几个人称为他所设置的"假想敌"，那么，这样的假想敌是如何出现的呢？

在职场中，我们难免会遇到一些自己认为不公平的现象，为了给自己内心的愤怒找到一种平衡，最方便、最实际的方法就是给自己设置一个"假想敌"，这时，即使我们保持中立和客观，依然无法摆脱内心好恶的影响。于是，我们就经常会如同李彬一样把自己的愤怒转移给他人。

仔细想想我们就会发现，职场中的人对于某些事情或者某个人的不满或者厌恶，常常混杂着自己的情绪。正像李彬的情况，他很讨厌阿谀奉承、爱打小报告、装腔作势的人，于是就把这些东西映射到人事部的总监身上。其实，这些东西都是自己的情绪反应。

由此可见，像李彬这样的情况要想恢复到正常状态，最好的办法就是主动向这些同事表示友好，对他人的接纳就是对自己的接纳，完全接纳自己是一个人走向成熟的标志。

李彬认识到这些问题后，开始反省自己。他认识到假想敌其实并不存在，都是自己造成的。于是李彬开始调整自己的状态。很快他就对自我有了新的认识，在处理同事关系上也更自如了，他对未来的工作和生活重新充满了信心。

在职场中，很多人对周围的人心存戒备，很容易用自己的主观意识来评价他人和事情，更因为利益的关系，给同事或者上司都打上了有色光环，对他们的评价就会越来越主观。其实，不妨放下心中的偏见，尝试着去接受他人，许多问题便不再成为问题。

在职场，是无法避免和同事、上司、客户等各色人打交道的，只有维持正常的人际关系才能保证自己在职场中顺利发展。如果因为个人厌恶别人的为人或者忍受不了他人的缺点，就想远离他人，这无疑是在孤立自己。身在职场，就一定要学会圆滑行事，面对各种人际关系，我们只有做到八面玲珑，做个职场的"多面手"，才能游刃职场。

陈伟毕业后进了一家不错的广告公司，对这份来之不易的工作他非常珍惜。与他一起进公司的还有小刘，小刘能力很强，但是整天油嘴滑舌，常爱和同事说说笑笑，有时还拉起一堆同事去吃吃喝喝。陈伟很不屑小刘的这一套，甚至有些厌恶。他认为，做好自己的本分工作才是第一位的，其他的事情并不重要。小刘对他开玩笑，他总是漠然视之；小刘拉他跟其他同事一起去出去玩时，他也总是不理不睬。有时，陈伟看到同事围着小刘聊天，他像躲瘟神一样躲得远远的。

有一次，陈伟所在的部门接受了大量任务，靠个人能力根本没办法在规定的时间内完成。陈伟孤军奋战的时候，小刘早就招呼同事们来帮忙。结果，小刘按时完成了任务，而陈伟虽然通宵达旦，还是没有按时完成。不久，小刘便被提升为部门主管，陈伟心里不服气，负气辞职了。

陈伟辞职后，凭借自己的能力进入一家实力很强的公司，这次他吸取了上次的教训，告诫自己一定要做个圆滑的"多面手"，不再一味地埋头苦干。

陈伟最初和是一位刚毕业不久的大学生共事，这个大学生由于刚工作，业务不熟悉，陈伟的情况也是一样，因此他们的工作受到了诸多限制。而这个时候，公司里一位叫李尚的老员工给予了他们很大的关心和帮助。他常常向他们介绍公司的情况，传授他们很多工作窍门。这使得刚进公司的陈伟和这位初入职场的大学生非常感动，他们觉得李尚为人既亲切又平易近人，因此对这位老员工非常尊重。

但是，随着相处的时间一长，陈伟发现李尚是八面玲珑、很会搞关系的人。他在公司里已经待了5年了，是个吃得开的人物。尽管陈伟对这种人有抵触情绪，但有了上次的教训，他知道和李尚的关系搞不好，就会把自己孤立起来。李尚在公司有很强的实力,而且他的身边也聚集了不少支持他的同事。于是,陈伟一面加强自己的能力,努力工作,一面和李尚保持友好的交往。

和陈伟一起共事的那位大学生,几乎和当初的陈伟一样,性格耿直,看不惯李尚的"虚伪"。而下班后李尚叫陈伟和这位大学生一起吃饭时,这位大学生总是找借口推脱掉,而陈伟会很高兴地一起去。时间一长,李尚也就不再叫这位大学生了,而这位大学生也渐渐与其他同事拉开了距离,把自己孤立了起来。

没过多久,李尚得到升迁,成为公司里的高层领导。李尚在升职后,没有忘记当初支持过他的陈伟,很快找到一个机会把陈伟提拔到部门经理的位置。而这个时候,曾经和陈伟共事的那位大学生,却依然在原来职位上默默无闻地工作着。

在职场中,要想生存就要适当地放弃自己的性格,偏执和退避都会导致职场失意。陈伟走上经理的职位既是幸运的,也是必然的。对照陈伟前后的例子,对比陈伟和与他一起共事的那位大学生就可以看到原因所在,陈伟的因时而化,让他取得了事业的成功。

很多时候,职场的成功也许只要多一次微笑或多一声迎合就能获得。在复杂的人际关系和职场争斗中,置身事外是无济于事的,想在职场中成为中立者,在夹缝中求生存是非常困难的。聪明人在保持平等的前提下,尊重他人的个性,承认别人的成绩,放下架子,不搞独立,做到有张有弛地坚守自己的原则,成为八面玲珑的"多面手",从而在职场中找到了属于自己的位置。

◇职◇场◇之◇道◇

在职场，少一个"敌人"就会多一个朋友，多一个微笑，就会多一份支持。所以，不要以自己的感受来评判他人，在保持平等的基础上，尊重他人的个性，承认他人的成绩，真正地融入到团队之中，才会获得更多的支持和帮助，才能在职场立足，从而取得更大的成绩！所以，在职场请不要为自己设立"假想敌"！

在家靠父母，出门靠朋友

俗话说："在家靠父母，出门靠朋友"，朋友多了路好走，人脉就是财富，让一个人的成功之路越走越宽。在职场更是这样，尽管说能力、品德等都是成功的重要因素，但在职场，更需要有广泛的人脉，这是最宝贵的财富，是成功的助推剂，在关键时刻发挥的作用是难以想象的。

人脉是一种资源，是成功的资本，是越多越好的财富。"30 岁前靠能力，30 岁后靠人脉。"有人认为，一个人事业的成功，80％的功劳就来自人脉。每个人都渴望成功，但没有人脉的积累是很难成功的。人脉是一个人成功必备的关键因素。

职场做事更需要有广泛的人脉，一个好汉三个帮，有了人脉才能在职场获得更多的帮助和支持，才能立足和发展。广泛的人际关系，是升职加薪的重要保障，更是个人获得成功不可或缺的因素。

不管是官场也好，职场也好，说到底就是一张巨大的利益交错的关系网，只有拥有了广泛的人际关系，才能真正地把网织好，从而捕捉到最大的利益。很多人在职场忽略了这一点，认为把事情做好就够了，其实，这是不对的。建立广泛的人际关系，是把事情做好的前提条件，是一个人在职场取得重大成功的重要条件。

中国台北"身心成长协会"的创办人赖淑惠，在早年做房产中介的时候，就有这样一个"结交小人物"的故事。

那时，赖淑惠做一栋大厦的房产中介，就住在这栋大厦里。她仔细观察之后，发现一个问题，很多对大厦有兴趣的买家，第一个询问的人肯定会是大门的管理员:"最近有要卖房子的住户吗?价钱是多少?"

但有趣的是,管理员的回答几乎每次都是:"您可以去问问住在八楼的赖小姐,她就是做房产中介的,这样您就不必再找其他中介商了。"

不仅如此,这栋大厦哪家人急需用钱,赶着卖房子,赖淑慧总是第一个知道。因为她能第一时间掌握客户和房主的信息,仅在这栋大厦一个物业就赚了1000多万元。

为什么大门管理员会介绍客户去找赖淑惠,为什么赖淑慧能第一时间知道要哪家要卖房呢?原因就在于,她将每个人都当成家人一样关心。赖淑惠在每天出门、回家路过大门时,总会主动向值班的管理员打招呼,出差回家的时候总顺道带些当地名产聊表心意。这样,慢慢积累了人脉。尽管大门管理员是一个小人物,但小人物也能起很大的作用。很多人看不起小人物,认为小人物没有多大作用。其实不是这样。就像赖淑慧做房产中介,很多生意都是管理员把客户指到她门口的。

比尔·盖茨一度成为世界首富,原因在哪里?很多人都认为,是因为比尔·盖茨掌握了世界的大趋势以及他在电脑上超凡智慧等。除了上面说的外,还有一个最关键的因素,就是比尔·盖茨的人脉资源非常丰富。

在比尔·盖茨创立微软公司的时候,他仅是一个无名小卒,但因人脉资源的帮助,20岁的就签到了一份大单。

不妨看一下比尔·盖茨的人脉资源。

一、比尔·盖茨亲人的人脉资源。

前面提到了,比尔·盖茨20岁时就签到创办微软后的第一份合约,而这份合约的合作者正是IBM,当时全世界的第一强电脑公司。

那个时候,比尔·盖茨还是在大学读书的学生,还没有多少人脉资源,为什么他能够跟IBM公司签约呢?重要原因就是比尔·盖茨的母亲当时是IBM董事会董事,比尔·盖茨正是她介绍给董事长的,妈妈介绍儿子认识董事长,这自然容易得多。而这一单生意,给比尔·盖茨带来了很大的发展空间。

二、合作伙伴的人脉资源。

比尔·盖茨最重要的合伙人是保罗·艾伦及史蒂芬。他们不仅将自己的聪明才智贡献给微软，他们的人脉资源也成为了微软发展的重要因素。

三、国外的朋友。

在日本，比尔·盖茨有一个非常好的朋友彦西，彦西让比尔·盖茨了解了日本市场的特点，帮助比尔·盖茨找到了第一个日本个人电脑项目，从而得以进军日本的市场。

四、优秀员工。

比尔·盖茨说过："在我的事业中，我不得不说我最好的经营决策是必须挑选人才，拥有一个完全信任的人，一个可以委以重任的人，一个为你分担忧愁的人。"

总之，人脉资源是我们做事、创业等宝贵的财富，有效的人脉资源是我们最宝贵的资本，要像爱好金钱一样重视人脉资源，人脉资源是一个用之不尽的金矿。在美国，有句名言："二十岁靠体力赚钱，那三十岁靠脑力赚钱，四十岁以后则靠交情赚钱。"

职场之道

人脉是金，人脉又贵于黄金。因为黄金有价，人脉是无价的。良好的人脉就是我们在职场取得成功的重要资本，是我们事业成功和生活幸福的源泉，是我们做事事半功倍的基础，是成功人生的必备因素，更是职场人士在职场立足和发展的重要内容。

学会赞美别人

在职场,培养良好的人际关系,还要学会赞美他人。赞美不是虚伪的奉承,也不是夸大其辞的吹捧,而应该是真诚的鼓励。赞美不仅能使人的自尊心、荣誉感得到满足,更能让人感到愉悦和鼓舞,从而会对赞美者产生亲切感,相互间的交际氛围会大大改善。喜欢听赞美话是人的天性,是正常心理需要。

在他人需要鼓励的时候,在他人取得成绩的时候,适当地给予赞美,是对他人示好,他人对自己的印象也会变得更好。学会赞美他人,这对改善职场的人际关系有很大的帮助。

一家大型公司的一个清洁工,在公司是最被人忽视、最被人看不起的角色。但是,正是这样一个人,在一天晚上公司保险箱被窃时,与小偷进行了殊死搏斗,维护了公司的利益。事后,有人为他请功并问他的动机时,答案出人意料:公司老板从他身旁经过时,总会真诚地赞美他"扫的地真干净"。而老板这样一句简单而真诚的赞美,就让这个员工深受感动,在关键时刻奋不顾身地维护公司的利益。

管理大师洛克菲勒说过:"要想充分发挥员工的才能,方法是赞美和鼓励。世间最足以毁灭一个人热情与雄心的,莫过于他上司的责备和批评。一个成功的管理者应当学会如何真诚地去赞美人,引导他们去工作。"

由此可见,赞美的力量是惊人的,一句赞美的话语甚至能改变一个人的一生。但是,很多管理者都认为要让下属好好工作,只有加薪加福利,却忽视了最简单的方式:语言的赞美。一名员工做完了他的工作,除非做得一团糟,否则绝对不可以只提工作中的缺点错误,一次两次还好,时间一长,员工必然会觉得自己的工作无法得到上司的赏识。这种对自信心的打击,绝对可以颠覆你加薪带给他的信心。

每个人都希望得到赞美,如果一个人经常听到真诚的赞美,就会对自己的人生价值做出正确的定位,增强自尊心和自信心。赞美是巧妙的鼓励,有着巨大的力量,它可以使濒临死亡的人找到生活下去的勇气,也可以使一个平凡的人找到属于自己的位置,从而显示自己的才能。

有一个人被判终生监禁,生活在寂寥的狱中,回想二十多年的人生,不记得哪个人对他说过赞美和肯定的话。他想:如果再想不起,那就结束自己的生命。他终于想起来了,那是中学时他随便涂了一张"画"当作业交给美术老师,老师说:"你画的是什么呀?不过色彩还不错。"就这半句赞美的话,使他活了下来,几次减刑,出狱后,成了一名画家。

或许这位老师话只是随便说的,但这"不过色彩还不错"这几个字,就把一个几近崩溃的囚犯从死亡的边缘拉了回来,而且还成就了一名伟大的画家。

良言一句三冬暖,恶语伤人六月寒。爱听赞美是人的天性,每个人都需要赞美,都希望得到赞美。当受到别人的赞美时,不仅得到慰藉,更会因为得到别人的肯定而发奋图强,迎取自己新的希望。做一名善于交际的人并不难,如果你学会了真诚赞美别人,就已经成功了一半,因为赞美可以使对方感觉到你对他的肯定与尊重,可以让对方在同你交流中保持快乐情绪,相处自然融洽。

打动人最好的方法就是真诚的欣赏和善意的赞许。美国著名女企业家玛丽·凯说过:"世界上有两件东西比金钱和性更为人们所需——认可与赞美。"能真诚赞美同事或下属,能使他们的心灵需求得到满足,激发他们的潜能。美国哈佛大学专家斯金诺,通过实验研究证明,动物的大脑在收到鼓励的刺激后,大脑皮质兴奋中心开始调动子系统,从而影响行为的改变。同样的道理,人类作为万物之灵,期望和享受欣赏是基本需求。

王女士是一家大型跨国公司一个分部经理。为扩大销售量，她召集员工出谋划策。员工刘先生和赵先生根据多年的营销经验究的一套新的营销方案受到了总部老总的赞扬，收效非常好。王女士自然非常高兴，可是她嘴上并没有说什么。这天早上班她早到了十多分钟，刚步入大厅，正好听到了有人对话。她于是驻足细听。

　　"老兄，上次我们俩研究的新营销方案，真的是一流的还只是空想？"这是刘先生的声音。

　　"唔，我们运用自己的营销方案已经见效了，这个星期的销售量不是明显提高了吗？"

　　"我敢说这个营销方案是一流的！"赵先生的声音很激动。

　　"是啊，可你能相信她居然对此只字不提？我知道她是个要求很高的老板，希望我们每个人能尽心尽力地工作，但她至少应该有点表示啊！"

　　王女士自然知道，这里的"她"指的就是自己。一般情况下，中国人做事不喜欢邀功，但是这并不代表他们不需要赞美。如果你对员工的成就无动于衷，就不要幻想他们会做出高质量的工作。

职场之道

　　美国一名著名的教育家说过："赞美犹如阳光"，获得别人的肯定和赞美是人们共同的心理需要，一旦得到满足，便会成为其积极向上的动力。赞美是对别人的肯定与尊重，学会了赞美别人，你就拿到了与人交往的通行证。赞美别人是我们搞好人际关系、拓宽业务面的必备功夫。

》》》第五章 职场的权谋

职场生存离不开与人交往,那么,如何在与人交往中保护好自己呢?职场发展离不开做事,那么,如何做事才能为自己的发展修桥铺路呢?这就需要了解职场的权谋。权谋可以说是职场生存和发展的一个重要方面,是职场不倒翁的重要法宝,更是做人做事的哲学和智慧。

职场做人要八面玲珑

在职场，能够做到八面玲珑的人不多，而且大多数人对这类人很反感，认为这些人是靠耍手段才升职、加薪的，对这些人的做法都不屑一顾。八面玲珑听起来有些贬义的味道，但为人处世八面玲珑可以让你的空间更为广阔，目标更容易实现。

叔孙通与陆贾都是汉朝创始之初以儒术成就显达的人，两人相比较，叔孙通似乎更胜一筹，更能"进退与时变化"。这一点，司马迁也承认他是"大直若诎，道固委蛇"。

陈胜、吴广举起反秦大旗时，秦二世召集儒生们问计。所有儒生都说这是对二世的大不敬，当发兵征讨。听惯了阿谀之言的秦二世顿时勃然大怒。见此，叔孙通急中生智，故作轻松地说，现在天下太平，陛下您又英明神武，谁敢反叛呢？那不过是一些鸡鸣狗盗之徒，不足为虑。秦二世转怒为喜，奖赏丝绸二十匹及新衣一套，而把那些说是反叛的儒生统统关押下监。事后叔孙通为自己辩护说：不如此，几不脱虎口矣！

楚汉相争之时，叔孙通一身儒装投奔刘邦。而刘邦出身行武，重武轻文，甚至憎恶儒生。叔孙通随即着楚衣短服，赢得了刘邦的好感。叔孙通向刘邦推荐了不少绿林好汉、行侠壮士，却不顾追随了自己多年的弟子。弟子们不解，他解释道：现在刘邦正与项羽全力争夺天下，他急需那些能够出生入死、斩将搴旗的壮士，你们能够为他冒矢石、入白刃，带兵打仗吗？既不能，安心等待好了，我不会忘记你们的。

刘邦得天下后大宴群臣，那些跟随刘邦打天下的大老粗们饮酒争功，大呼小叫，甚至拔剑乱砍柱子。此情景让刘邦很不爽。叔孙通抓住时机，及时向刘邦建议建立朝仪典章，以规范大臣们的言行，树立皇帝的权威。刘邦大悦。于是叔孙通与召集来的三十多位儒生弟子，经过约一个月的斟酌、修改和演练，将朝仪制度拟定就绪。刘邦看后认为可行，就利用长乐宫建成、诸侯百官前来朝贺之时，正式颁布实施了朝仪制度。朝廷之上从此果然秩序井然、气氛肃穆，极大地彰显出了皇帝的威严。

刘邦龙颜大悦："吾今日乃知为皇帝之贵也。"并立即提升叔孙通为九卿之一的"奉常"（祭祀部长），赏黄金五百，其弟子也一一提拔为官。叔孙通制定的朝仪制度流传了千年，确立了他为汉朝儒宗的地位。

叔孙通作为一介书生，不墨守成规，知晓进退以达到自己的目标，可以算得上绝顶聪明了。在现实面前，硬碰硬顶、不懂变通是注定要失败的。叔孙通凭自己的智慧实现了自己的价值。或许叔孙通有点圆滑，但从最终达到目的这一点来看，也可谓不失坚忍。孔子说交朋友之道在"忠告而善道之"，尽我们的忠心，劝勉他，诱导他，实在没有办法的时候，"不可则止"，就不要再勉强了。从表面上看，孔子教学生的交朋友之道，好像蛮滑头的，但这样的滑头可以保存友谊，让僵化的关系得以缓解。如两人各不相让，最后得利的可能是别人。

职场之道

身在职场，难免要跟形形色色的人打交道，"水至清则无鱼"的道理很多人都懂，但是，又有几个人真正做到了呢？职场是一个利益场，更是一个权力倾轧场，如果做人刚直不阿，则容易得罪人，是很难在职场有建树的。那些八面玲珑的人，做起事来左右逢源，升职加薪是水到渠成的事。

做好自己的事情，不要"越位"

在职场，最好是先把自己的本职工作做好，不要插手自己不该管的事情，特别在领导面前。现在，无论是在企业中还是在机关，每个成员最重要的都是要摆正自己的位置，做好自己本职工作，整个团体才能发挥出最大的功效，整个社会也才能够有序有效地运行。正像《易经·鼎卦·象辞》中所言："木上有火，君子以正位凝命。"一个人只有安于自己的本位，才能够做好自己的事业。曾子有言："君子思不出其位。"也是强调人应当各尽其职，不要越权去做不应当做的事情，不要去做超出自己职权的事情。

明朝建立之初，明太祖朱元璋想要重新修筑南京的城墙，这时江南巨富沈万三主动承担其中三分之一的花费，除此之外他还献给朱元璋白金二千锭，黄金二百斤，花费巨资在南京城建了一些酒楼和廊庑等。当时明朝刚建立国库比较空虚，财政紧张，朱元璋封了沈万三两个儿子的官，作为回报。

但是沈万三可能还想表现自己，他在皇帝修完城墙后，竟然又向皇帝提出他想犒赏三军，这次朱元璋一听，立刻龙颜大怒，说："你一介小小臣民，竟想犒赏朕的三军，难道你想造反吗？"朱元璋命令立即将沈万三斩首，刘伯温听说了此事，过来劝谏："像他这么一介小小臣民，皇上没必要如此生气，上天自会惩罚他的，皇帝不要为他玷污了自己的手。"

朱元璋一听也是，就将沈万三发配到了云南，以此来作为对他的一个比较轻的惩罚，并且将他的第二个女婿也流放到了潮州。再接下来的几年中又因为种种原因，沈万三全家全部遭难，其家田地也全部被没收。至此一代巨富沈家彻底覆灭了。

从这个事例中看出，沈万三犯了一个很大的错误。他在一开始时，拿出巨资修筑城墙，修建酒楼、廊庑，朱元璋因为当时国家初建国库空虚，财政紧张，能忍也就忍了，但是沈万三不知收敛，竟提出犒赏三军，这就大大超出了沈万三的权限，严重触犯了皇帝的尊严，导致皇帝大发雷霆，使他自身遭殃，全家也受到牵连。

由此我们也能明白，任何时候都不要去做超过自己权限的事情。有一些事情代表着权力和地位，如果我们要做了，就冒犯了一些人，那时等待我们的将是这些人的报复。因此，真正聪明的人一定要懂得什么事情可以做，什么事情不可以做，拿捏好分寸，在一些时候要懂得将自己放得低一点，太高了风必摧之。

三国有一个叫杨修的人，他在曹操手下做官，此人聪明绝顶，才华出众。有一次杨修与曹操一同骑马路过曹娥碑前，看到上面刻有八个大字，为："黄娟、幼妇、外孙、齑臼"，杨修一看就知道是什么意思，而曹操还没想出来。又走了30里路，曹操才终于想出来是什么意思，他与杨修一对答案，都是"绝妙好辞"四个字，曹操嘴上说很赞赏杨修的才华，心中很不舒服，觉得杨修的聪明超过了自己。

另一件事情让曹操对杨修的忌妒更是多了几分。曹操新建了一个花园，建成后曹操去观看，看后一句话也没有说，只是在大门上写了一个"活"字就走了。众人不解，这时杨修看了说道："丞相的意思是大门太宽了，你们看，这门里面一个活字不就是阔吗？"众人恍然大悟，立即让工匠重新把门修窄了一点。曹操再次来看时，惊喜道："谁如此聪明，竟然猜到了我的意思呢？"众人都指说是杨修，曹操虽然当时对杨修赞扬了一番，心中却很不快。

接下来发生的一件事情更使曹操对杨修动了杀心。曹操平日害怕有人在他睡觉时暗杀他，于是他便对左右侍卫说："吾梦中好杀人，凡吾睡着汝等切勿靠近。"有一次他睡觉时被子掉在了地上，他的一个近侍看到了就过去捡起来重新给他盖上去，而曹操惊醒拔剑将侍卫杀死，然后又蒙头睡了。他醒来后很惊讶地问："是谁杀死了我的近侍呢？"众人实话告知，曹操很悲痛为之大哭，并且将其厚葬。众人看到曹操的表现，都觉得曹操确实是在梦中将其侍卫误杀了，唯有杨修不以为然，他在侍卫下葬时说了一句话："丞相非在梦中，君乃在梦中耳。"后来有人将此话告诉曹操，曹操对杨修更是怀恨在心了。

有一次曹操的军队与刘备在汉水作战时，曹操想尽办法都未取胜。两军长时期对峙，曹操焦虑不安，想撤退但又下不了决心。正在犹豫不决之时，厨子送饭进来了，曹操一看是一碗鸡汤，鸡汤中还有几根鸡肋。这时，他的部下夏候惇进来询问曹操今晚的口令是什么，曹操正看着鸡肋，随口说道："鸡肋！"这时担任行军主簿的杨修听到传的口令是鸡肋，他就收拾行装，准备返回。曹操一听说杨修竟敢收拾行装，知道杨修又猜中了自己的心思，很恼火，就以杨修惑乱军心的罪名将其斩了。

杨修的聪明才智不可否认，但是他不懂得在曹操面前要适度收敛，尽管曹操也是爱才之人，但是如果发现这个人的才能远远超过了他，他就宁可用奴才也不用人才了。更何况杨修时时能够猜中曹操的心意，让曹操感到害怕，最终曹操以违反军纪将他处死了。问题就是杨修太好表现自己了，这让曹操有不被他放在眼里的感觉。从这个事例中我们更清楚地懂得：人一定要认清自己的身份地位，不要猜测上级的意思，懂得安分守己，做好自己的工作。

总之，不在其位不谋其政，作为员工也好，作为主管也好，首先把自己的事情做好，不要越位去管别人的事情。只有把自己的事情做好的人，才有机会去参与更多的事情。更要注意，不要越位，特别是僭越领导的职权，这是对领导权威的挑战，是任何领导都不能容忍的。

职场之道

身在职场,首先要给自己定好正确的位置,万万不可错位,如果超越了自己应有的权限,就会触犯他人的权威,严重的会影响职场生存。《中庸》中说:"君子素其位而行,不愿乎其外",也是说人一定要找准自己的位置,不要做自己权限范围之外的事情。在现在社会中,虽然鼓励发挥自己的聪明才智,但也要懂得低调做人,这样才能成就大事业,否则会被扼杀于摇篮之中。

锋芒不宜太露

在职场，锋芒毕露的人会让人感到不舒服，因此一定要懂得如何掩藏自己的光芒。职场中的人际关系非常复杂，同事之间是既竞争又合作。如果不搞好与同事之间的关系，一味地在上司面前争表现，展露锋芒，不顾同事的感受，会让自己成为众矢之的。上司对你也会产生不好的印象，认为你缺乏群众基础，或者认为你野心太大，对他迟早是一个威胁。从而打压你，使你晋职加薪无望。

所以，身在职场，不宜锋芒毕露，先处理好人际关系，把方方面面的关系都理顺了，再适时适当地展示自己的实力，既要让大家认可，又要让大家不致感到难堪。锋芒毕露，还会让自己四处树敌，一路坎坷。

某公司新进了一批大学生，有4人被分进了市场部，林成功是其中之一。经过一个月的培训，他们正式上岗了。

接下来的两个月里，林成功工作非常努力，经常放弃和新同事打球、娱乐的时间，去查资料、搞调查。后来，他根据自己对市场的判断，给市场总监写了好几封邮件，提出种种建议。这些建议都非常中肯，深受总监好评。他的业绩远远超过了同批进公司的其他新员工，据说连老总都注意到他，点名要给他提前转正。

但是，由于锋芒太露，他在公司的人际关系非常不好。不知从什么时候开始，部门里另外三个和他一起进公司的同事开始孤立他。有时，他想跟他们开一句玩笑活跃一下气氛，别人都不理他，这让他非常尴尬。那些老员工也不愿意与他讲过多的话。林成功不知道问题出在哪里，也不知道怎么办。他感到非常郁闷，觉得自己像生活在孤岛上一样，坚持了半年后，他终于选择了"撤离"。

古语说得好："木秀于林，风必摧之。"在职场上锋芒毕露，容易变成"出头鸟"，而"枪打出头鸟"是必然的，虽然这并不完全是"出头鸟"的错，但这至少是因为他的"强出头"而引起的。一方面老员工基于自身考虑，或多或少都不愿意和这些"后起之秀"太接近；另一方面，作为同一个起跑线上的新人，如果其中一个太优秀或是出类拔萃，会招致其他人的妒忌，引起他们心理不平衡，如果再不能及时沟通，彼此间的距离会越来越远。而大部分境遇差不多的新人却会越走越近，在较长一段时间里"抱"成一团，而孤立这个"小团体"以外的"能人"。

所以，在职场上，一个人要想有所作为，既要"木秀于林"，又要防止"风必摧之"，也就是既要不被同伴们孤立、排挤，又要充分发挥自己的潜能，超越同伴，引起上司的注意，获得上司的认可。

劳伦斯·彼得说过，最大的危险是你不知道自己所处的位置。在职场中每个人都有"位置"问题。有人认为，自己只是想做好分内的工作，就算是想表现表现，这难道有错吗！这种想法太单纯，太幼稚。因为职场是一个利益混合体，每一个人都在用自己的表现去为自己争取利益，如果你的表现伤害了其他同事的利益，肯定会招致他们的反感。所以，职场中一定要对自己的位置，对自己的处境有个清醒的认识，即使你有能力，要展露自己也要等到根深叶茂时，而且不宜展露太过，过犹不及。

职场之道

"出头的橼子先烂"。任何一位职场职场人士,想要在职场安身立命并且有所建树,首先应该融入公司文化,与其他同事搞好关系。这个时候,你才能适时地表露自己的才华,这样不仅会减少阻力,而且还会赢得同事的赞美和支持。

让自己成为上司的左膀右臂

职场人士应明白与上司建立良好关系的重要性,这是获得上司赏识一个重要因素。作为下属,只有与上司搞好了关系,让上司感觉到离不开你,让上司感觉你是他的左膀右臂,你才有可能源源不断地从上司那里获得实惠,玩转职场,有所作为。

杜甫《前出塞》诗云:"射人先射马,擒贼先擒王。"一个人要想在职场上呼风唤雨,首先要搞定自己的上司。搞定上司,不是要挟上司,而是想办法加强上司对你的依赖,让他觉得离开你这工作就不好开展。

张璐是一家销售公司的"销售之星"。尽管她只是一位销售主管,但她的上司对她有说不出的依赖感,一旦公司的销售业绩下滑,上司总要找她问对策。所以,张璐每年的收入除了工资外,还能拿到数倍于工资的奖金。

有人私下问张璐,为何在公司里能够如此受器重。张璐说,在公司里,业务重要,人际关系更重要。她由于业务能力突出,与上司的关系处理得好,尤其是与很多客户的关系相当好,一旦公司在业务上与代理商出现分歧,只要张璐出面,这些分歧就会得到很好的处理。有些事情,甚至上司亲自出面都不能很好解决,张璐也能够凭着自己良好的沟通能力和人际关系把它处理好。她已经成了公司销售方面的顶梁柱。因此,上司对她特别优待。

张璐说,在公司里,唯一有资格对你的业绩进行综合评判的是顶头上司。一个优秀的下属,不仅要业绩好,还要善于处理好与上司的关系,最好是让上司意识到你是公司里不可或缺的人才。这样,与上司相处起来就比较容易,而且可以从中得到自己应该得到的实惠。在公司里,尽管你像老黄牛一样勤恳,但如果你在上司眼里是可有可无的角色,上司是不会把你的业绩评估得很好的,也不会给予你太多的实惠。

张璐的话非常有道理。在现代职场上,下属要从工作中获得应有的实惠,就应该"擒贼先擒王",抓上司对你那颗依赖的心,让上司把你当重量级人才看待。

那么,如何才能成为上司的左膀右臂呢?除了努力工作,掌握更多工作技能之外,还要在重要的事情上提出自己的独特见解,在上司遇到麻烦的时候,发挥自己的才能尽可能帮助上司解决问题,多为上司分忧解难,更不要跟上司抢功。这样上司就能把一些重要的事情交给你办,并慢慢地感觉到工作中离不开你。你的作用时刻都在上司的眼中,你就会逐渐成为上司的助手,升职加薪自然是水到渠成的。

在职场,作为下属,只有成为上司的左膀右臂,才能让上司感觉到你的重要性,从而对你信任和重视。作为下属,要想让上司离不开自己,必须要有过硬的业务素质和广泛的人际关系,你对公司的贡献必须是非常突出的,你的工作对公司来说必须是不可或缺的,要是能实现这些,你的升迁、晋职就顺利了。

沧海横流，方见英雄本色

职场有个不成文的规定："不在其位，不谋其政"，让很多有才华的人在重大决策面前畏首畏尾，而错失良机。而有的人，在关键时刻该出手时就出手，他的能力很快得到领导认可，升职加薪自然是不在话下。

老板不在，公司遭遇突然事件，怎么办？是退避三舍，还是挺身而出撑大厦于断梁？不同的人，有不同的表现。德才出众者会视之为一次表现自己的好机会，敢于拍板拿主意，既为公司解了难，又显示了自己的人格魅力，定会让老板器重有加。

安德烈·卡耐基是美国宾夕法尼亚洲一家停车场的电信技工。一天早上，由于偶发事故，停车场线路陷于混乱。而这个时候他的上司还没来上班，面对这种情况，他一时不知该怎么办。作为一名技工，他并没有"当列车的通行受阻时，应立即处理以免引起混乱"这种权力。而一旦他自作主张，擅自发出命令，轻则可能卷铺盖走人，重则可能锒铛入狱。

一般人遇到这种情况，很有可能想："这与我没有什么关系，我为什么还要自找麻烦呢？"但是，卡耐基没有按照常人的思维考虑问题。他居然擅自下了一道命令，并果断在文件上签上了上司的名字。而他的上司来到办公室时，线路的问题已经得到解决，就像从来没有发生过什么一样。这个能够随机应变的年轻人，由于果断地处理了这一棘手事件，受到上司的称赞。

上司把卡耐基的表现向公司总裁汇报后，公司总裁当即决定，调这个年轻人到总公司，连升数级，委以重任。从此以后，他扶摇直上，谁也挡不住了。

任何一家公司需要的不仅仅是服从规章制度的员工，更需要在紧急事件中能够果断处理问题，不受制度和规定束缚的决策者，需要敢于承担责任，勇于为公司做出决定的果断者。这样的人，必然会成为公司发展的中坚力量，支撑公司的支柱。

张小艺是一家小私营公司的办公室文员。一天晚上下班后她由于忘了带手机而返回办公室。正当她要离去的时候，一个中年男子急匆匆地跑到她面前。中年男子解释，由于急需一批张小艺公司的货物，请张小艺联系一下公司的老总，希望能当天发货。张小艺本想拒绝，一看对方着急的样子，于是找到老总的电话，结果老总的手机关机，打老总家里的电话也没有人接。

张小艺作为办公室文员是没有权力向对方发货的，换做别人可能推一下就过去了。但向来热心的张小艺领着这个人到了公司仓库，仓库的管理员也无法确认男子的身份。无奈男子表示全款支付，希望当天发货。

张小艺当即决定，由仓库管理员做证，男子将货款打到了张小艺的私人账号上，货物当天让那人提走了。

第二天，张小艺把货款提出来放在老总面前时，老总没有因为张小艺擅自做主而追究她的责任，反而夸奖张小艺非常之事行非常之法，为公司挽留了一个大客户。原来，提货的那个人，只是提了一小部分货应急，还有大量的货物急需，于是，在很多同事讥讽张小艺出风头的时候，张小艺走马上任成了和那家公司联络的业务员，地位一下就上升了，其后的职场生涯也越来越得意。随着公司的扩大，张小艺也成为了公司的业务部经理，深得老总的信任。

曹操说："夫英雄者，胸怀大志，腹有良谋，有包藏宇宙之机，吞吐天地之志也。"曹操的这番话，说的就是像卡耐基、张小艺那样能成大事的人所必须具备的决策能力。老板不在，他们完全可以独当一面，为公司做出贡献，而不是畏首畏尾、袖手旁观。

大凡古今中外的杰出人士,都具有战略头脑,具统筹全局的能力,该出手时就出手,果断决策。

曹操说:"夫英雄者,胸怀大志,腹有良谋,有包藏宇宙之机,吞吐天地之志也。"老板不在,这是考验你的人品和能力的最佳时刻。此时你要勇于决策解危难,换来的可能不仅是老板的感激,更有加倍的信任。任何一位职场人士,在公司领导不在,而公司面临困难时,只有勇往直前地解决问题,才能受到老板的重用,才能在职场立于不败之地。

不做过河拆桥的事情

任何时候，都不要做过河拆桥的事，任何人，都对这样的人非常痛恨。在职场中，同事间交往是为了工作，为了利益。在与同事相处中，千万不能做过河拆桥的事情。

在职场，老板和上司可以说是你明处的贵人，而同事则是你暗处的贵人，你要想在职场上有所作为，一方面要想办法得到上司的赏识，另一方面还要想办法得到同事的支持。过河拆桥，翻脸不认人，势必会把自己陷入不仁不义的境地，这样的人要想在职场上有作为，是不可能的。

李强和林俊是一对多年的朋友。两个人从小一起长大，又在同一所大学毕业，还进入了同一家公司工作。他们俩不仅长年友好相处，在工作中还相互帮助，同事们非常羡慕他们。

一次，公司准备提拔一名年轻人做办公室主任，李强和林俊都是候选人。他们在公司里实力不相上下，人缘都比较好。上司也一时拿不准任命谁好，因为他们俩就像是自己的左膀右臂，失去了其中任何一个，都是损失。

有一天，经理把李强叫进办公室，告诉他公司初步决定在他和林俊中选一个人接任办公室主任。尽管，李强很开心，但想到竞争对手是自己从小一起长大的林俊，就有些犹豫。他知道，两个人一旦展开竞争，不管是对自己还是林俊，都是一种伤害，两个人最后可能连朋友也做不成。于是，他就向经理推荐了林俊。他对经理讲了林俊的很多优点，并坦诚地道出了自己在很多地方不如林俊的事实。

经理听了很受感动，于是就决定让林俊出任办公室主任。林俊被任命为办公室主任后，开始不知道自己的竞争对手就是李强，所以在工作上，一直把李强当作亲信，与李强的关系如以前一样。

一天，办公室的一个下属到林俊那里告密，说在任命他为办公室主任前，李强到经理那里"密谈"过。林俊后来问李强是否有这件事。李强照实说了。但是，林俊不相信，认为李强在背后搞鬼。于是，林俊开始疏远李强，挑李强工作中的毛病。此外，林俊还扶植了一批自己的亲信，怂恿他们对李强产生敌意，鼓励他们在工作上把李强的风头压下去。

谁知过了一年，经理却要将李强调到另一部门担任主管。在向林俊征询意见时，林俊居然说李强不适合做部门领导，为人心胸狭窄，工作中老是摆自己是功臣的架子……

经理一听，马上意识到林俊是"过河拆桥"的人，以前对他的好感和信任，一扫而光。

几天后，公司的正式任命下来了。让林俊大吃一惊的是，经理还是将李强调到了那一部门当主管。后来，林俊才明白，经理和他谈话后，又私下找李强谈过话。经理和李强谈话时，含蓄地谈到了林俊担任主任期间的一些工作情况。李强对林俊的评价非常中肯，而且认为经理当时提拔林俊是慧眼识英才，是英明之举。

经理对恩将仇报、过河拆桥的人非常痛恨。经理觉得，林俊如此对待和自己一起长大读书的老朋友、把职位让给他的同事，又怎么能够保证他以后不会如法炮制对待自己呢？有这样一个人在自己身边，不就等于埋下了一个随时可能爆炸的炸弹吗？这种人不适合继续在公司呆下去。于是，经理借一次工作失误，解雇了林俊……

职场之道

任何人在职场打拼都是不容易的。一个人的成长和成功离不开同事的帮助,上司的指点。一旦做了过河拆桥的事情,失去的不仅仅是同事的信任,更会让上司感到如芒在背,倒霉的最终还是自己。所以,身在职场,千万不要做这种不仁不义的事,不然,会让自己的职场生涯提前与辉煌告别。

远离同事之间的是非

职场就如同一个小社会，充满了形形色色的人。同事之间，既有合作关系，又有竞争关系，难免就会产生是是非非。有些人比较热心，主动去处理同事的是非，把自己当成行侠仗义的大侠，其实是完全错误的。

职场中难免有心术不正的人，挑拨对手与他人的关系，诋毁对手的形象，甚至传播谣言，打击别人，抬高自己。遇到这样的同事，如果参与其"话题"，往往会卷入纠纷，为他人火中取栗，导致自己与其他同事的关系紧张，甚至无法在办公室立足。所以，面对是非，聪明人绝对不会将自己也卷进去，而使自己游离是非之外。

张芳是一家公司的女职员，在办公室里人缘不错。她工作努力，不多说话，从不谈及那些有关同事负面形象的话题，与大家交流时始终保持着微笑，大家都很喜欢她。后来，办公室来了一个爱出风头的女孩儿小马。小马每天都要表现自己，找不到表现自己的事情，就到处调查和宣讲一些同事的隐私。这样的人必然会激化和同事的矛盾，由于小马家里有背景，同事们不喜欢她，也惹不起她，一句话，"惹不起躲得起"。于是，大家不是辞职就是请求调到其他办公室去。而新来的一些同事大多是男性，知道小马是什么人后，对她都不理不睬的。

最后，小马只有向张芳"倾诉"了。她向张芳讲那些男同事的"桃色新闻"，说那些男同事在办公室一个个西装领带的，私下的生活是多么"糜烂"……张芳对此只是默默地笑着，听着，从来不插一句话。小马最初还不在乎张芳的反应，但后来渐渐明白张芳的沉默里更多的是厌恶，很快就不再找张芳"倾诉"了。

在办公室里，爱出风头的小马被彻底孤立了，没有一个同事愿意和她说话，无奈之下，她请求调到其他部门去了。但是，好事不出门，坏事传千里，其他部门的人对她也不理睬。不久，她也只好辞职了。而不久，张芳就被提为部门主管。因为上司认为张芳这个人很有涵养，不介入同事之间的是非，任何时候都能平静地对待工作。

在职场中，同事之间难免会有矛盾和纠纷，也肯定会有人搬弄是非。你最好远离这些纠纷，采取超然的态度，千万不要身陷其中，不然就会剪不断，理还乱，自己也会被折腾得筋疲力尽，无计脱身。

一个叫阿尔吉德的年轻人，在山路上行走时发现路中间有一块石头，妨碍了他前进。年轻人很气愤，便踢了它一脚，想把石头踢开。谁知石头不但没有被踢开，反而膨胀起来。

阿尔吉德非常生气，又狠狠地踩了一脚，想把石头踩扁，结果石头又加倍膨胀起来了。此时，阿尔吉德恼羞成怒，操起一根大木棒，向石头狠狠地砸去，没想到石头又膨胀起来，大得把整个路都堵了。

阿尔吉德更加气愤，准备回去买炸药来炸掉这块石头。此时，山中出现了一位圣者，对他说："年轻人，快别动它，别把它当回事，离开它，自己绕道远去吧。它叫纠纷，你不理它，它便小如当初，你老是记着它，老是和它较劲，它就会无休止地膨胀，阻挡你前进的道路，与你对抗到底……"

是非纠纷就像这样，你越在乎，它就越神气。在职场中，一些同事之所以喜欢搬弄是非，是因为有人听有人信。办公室是敏感地带，要搞好与同事之间的关系，千万不要卷入同事间的是非，不让自己成为搬弄是非者的市场。一旦卷入其中，自己就会陷入非常尴尬危险的境地。

在办公室里，同事间少不了要联络感情。有些人却喜欢在联络感情时，倾诉自己在办公室所受的冤屈、发泄自己的苦水。此时，作为同事，你一定要清醒地认识到，牢骚如同狐臭，是非如流毒，人人都是避之唯恐不及，千万不能因为一时的同情、义愤参与这些事情，更没有必要为一个同事"两肋插刀"而得罪其他的同事。

职场就是一个小社会，难免有矛盾和纠纷。同事之间既是合作者，又是竞争者，容易出现是是非非。身在职场，一方面要自己努力进取，另一方面又要学会置身事外，远离同事之间的是非之争，这也是一种对自己的保护。在任何时候，你都必须记住：职场不是你路见不平、行侠仗义的地方，千万不要卷入同事的是非之争，要学会置身事外。

对上司进言要慎重

在职场，对上司进言一定要慎重。一个人做决定，是对客观信息和条件进行分析判断的结果，但是一定的时间里得到的信息是有限的，人的思维也不严密。如果在某个问题上与领导看法不一致，并且是领导思想受到了局限，那么如何说服领导呢？

要说服领导不能直截了当，需要一定的技巧。你要直接说领导错了，遇到没度量的领导，后果很严重，会给自己带来麻烦。

赵国触龙遇到了这样的事情。战国后期，赵太后把持着赵国的朝政，这时，秦军正攻打赵国。于是赵国向齐国求助，齐国说："必须让长安君来做人质，我们才会出兵。"齐国的要求并不过分，这是当时各国外交普遍使用的方法。赵国要是有国君主政，肯定就答应了齐国这个要求。但赵太后又老又偏，不能从大局着眼，只因为长安君是她最疼爱的小儿子，就不肯答应让长安君去齐国做人质。眼看着赵国面临灭亡的危险，大臣们很着急，就劝谏赵太后。没想到，赵太后非常顽固，还对大家声明："谁要再提叫长安君做人质的事，我一定吐他一脸唾沫。"这让人不由得想起楚庄王当年挂的牌子："劝谏者，杀毋赦"。

对这种脾气大，又一根筋的领导，怎么劝说呢？

赵太后所以对这件事反对的态度这么激烈，除了她疼爱长安君之外，还因为她担心让长安君去齐国做人质会受苦，还会让生命受到威胁，对长安君非常不利。赵太后想到的只是小的利害，为此，她宁愿舍弃大的利害。既然她着眼点只是长安君的利益，那么，就要从做人质这件事上找到对长安君有利的地方，以此来说服赵太后。触龙决定去劝说赵太后，去之前就想清了这一点，而且有了一整套计划。

触龙事先请求拜见赵太后。他没说自己拜见的目的，否则，赵太后怎么肯见他？尽管这样，赵太后答应接见他后，对他的戒备心还很强，准备好只要他一提长安君的事就把唾沫吐到他脸上。

触龙进宫后慢慢走上前去，走到太后跟前就向她谢罪，说："老臣的脚有毛病，一直无法正常行走，很久没有拜见太后您了。虽然自己原谅自己，但仍然担心太后您的身体欠安，所以希望能拜见太后。"赵太后说："我只能靠车子行动了。"触龙问："每天饮食该不会减少吧？"太后说："靠喝点粥维持。"触龙说："老臣最近很不想吃东西，就勉强散散步，每天走上三四里，渐渐地喜欢吃东西了，身体也舒服了。"太后说："我可做不到这点啊。"太后的脸色稍微缓和了些。

触龙已经准备好了化解赵太后防范心理的绝招。既然赵太后不愿人谈长安君，那么触龙就谈别的事，这样就会让赵太后消除戒备。谈什么呢？当然是谈太后感兴趣的话题，只有谈这种话题，太后才会兴奋，忘记长安君的事；如果在这个话题上，和太后能有共同语言，就会让太后产生好感，以后的话太后也就听得进去。触龙分析了太后的特点，就选定了老年人身体健康状况这个话题。这个话题，太后会感兴趣，触龙也是老人，会和太后有共同语言，而且，这个话题还让人觉得温馨和放松。触龙故意让太后注意自己有毛病的脚，从而自然地引出这个话题。在和太后的一问一答之间，太后感受到被关怀的温情，又有倾诉的快乐，脸色也就缓和下来。

接下来，触龙又转向另一个话题，和太后谈儿女的问题，由健康到子女过渡得非常自然，营造了一个闲话家常的温馨氛围。在这样的氛围中，赵太后觉得很舒服，乐于和触龙聊下去。而聊起儿女自然就能聊到长安君的事。

触龙说："老臣有个儿子叫舒祺，年龄最小，没什么出息。我已经年老体衰了，私下里很疼爱他。我希望他能当一名王宫卫士，来保卫王宫，因此我冒死来向太后提出这一请求。"太后说："好吧。他今年多大了？"触龙回答说："十五岁了。虽然年纪尚小，老臣还是想趁着自己没死之前把他托付给您。"

　　触龙由健康转到儿女很巧妙。来见太后总不至于纯粹闲聊吧，那样太后会怀疑他的目的。所以，聊得差不多了，就提到自己小儿子的事。太后这才知道，原来触龙进宫是求自己给他小儿子安排一份工作。这对太后来说不过是举手之劳，只是谈这个问题时却深深触动了心事：原来触龙也有个小儿子，他也这么疼小儿子。太后正为自己疼小儿子的事烦恼，这就激发了她和触龙探讨父母疼小儿子问题的欲望。

　　于是，太后说："男子汉也疼爱自己的小儿子吗？"触龙说："比妇人家还厉害。"太后笑着说："妇人家疼爱小儿子才特别厉害呢。"触龙说："老臣私下里还认为您疼爱燕后要超过长安君呢。"

　　就这样，触龙终于把话题引到长安君身上，太后对此一点也不觉得突兀，反而有强烈的欲望要说这个问题。

　　太后说："你错了，我疼爱燕后远不如疼爱长安君厉害。"触龙说："为人父母疼爱子女，就应该替他们做长远打算。您送别燕后时，在车下握着她的脚后跟，为她掉泪，因为您想到她要离家远嫁。这就是爱她啊！燕后走了以后，您并不是不想念她，祭礼时总是要替她祷告说：'千万别叫她回来。'这难道不是替她做长远打算，希望她的子孙世代为王吗？"太后说："正是这样。"

　　触龙故意说太后疼爱燕后胜过长安君，引起太后的争论。在争论中，触龙先不说长安君，而拿太后的女儿燕后做靶子，来表明自己的观点，阐释做父母的怎样分清溺爱与疼爱的道理，怎样做才算真正地爱孩子。赵太后听得津津有味，非常投入。触龙就继续说下去，开始从大道理上来讲这个爱孩子的问题，又不断地提问，让太后作答，太后的思想和情感完全陷入他的阐释中去了。

触龙问:"从现在起,上推到三代以前,甚至推到赵氏立国的时候,赵王子孙被封侯的,他们的后代还有在侯位的吗?"太后答道:"没有。"触龙又问:"不只是赵国,就是其他诸侯的子孙,他们的后代还有在侯位的吗?"太后答道:"没有听说过。"

触龙就说:"这些封君们,有些是自己取祸而亡,有些是祸患延及子孙而亡。难道说国君的子孙们都不会有好结果吗?只是因为他们地位尊贵却无功于国,俸禄丰厚但没有为国出力,只是拥有大量的金玉珍玩而已。现在您使长安君的地位很尊贵,又封给他肥沃的土地,给他很贵重的金玉珍玩,却不让他趁现在为国立功。有朝一日太后您不幸去世,长安君将依仗什么在赵国安身立命呢?老臣认为您替长安君打算得不够长远,所以说疼爱长安君不如疼爱燕后。"

最后这段论述,触龙有理有据地向赵太后讲明一个道理:真正爱长安君应该让他去齐国。道理讲清后他还在最后强调说,自己讲这些不过是说明太后确实爱燕后胜过长安君,不是有意来谈长安君的事的。

和触龙聊到这儿时,太后在理智上已明白送长安君做人质确实对他有好处,在感情上也能接受触龙。

太后说:"好吧,那就任凭您安排他吧。"就为长安君准备一百辆随行的车辆,送他到齐国做人质,齐国这才出兵援救赵国。

职场说服领导,要晓之以理,动之以情,要维护领导的权威和自尊,要让领导明白你的意见正确,这是非常难的。所以,作为下属,说服领导的时候,千万要谨慎,不能得罪领导,不然指不定什么时候,领导会给你穿小鞋!

职场之道

在职场,想要安身立命并且有所建树,当领导的意见与自己不同的时候,千万不要力争,冒犯领导的"龙颜",要运用自己的智慧,在不触怒领导的情况下,让领导接受自己的意见。领导都会喜欢维护自己尊严和地位的下属。让领导喜欢了,你升职加薪的时刻就不远了!

>>>第六章 职场的方圆之道

职场做人做事要懂得方圆之道，方是做事的原则，圆是做人的智慧，这是每一位职场人士都应该懂得的职场生存哲学。要想在职场一帆风顺，就一定要懂得方圆之道；要想做人左右逢源，就一定得学习方圆之道。方圆之道，可以说是职场人士不可不知、不可不学的一门学问。

办事果断，先下手为强

美国前总统老布什说："命运不是运气而是抉择；命运不是思想，更重要的是去做；命运不是放弃而是掌握。"在职场也是一样，只有果断行动，才能做出成绩，而不是在机会面前犹豫不决。

每个人的人生道路上都有很多好机会，但是很多人因为犹豫不决与机会失之交臂。在职场做事，一定要果断决策，把握时机，莫要错失。

有一个性格内向的大学生，在大四的时候遇到了一个漂亮的女孩。尽管这个男孩子非常优秀，但对于爱情他没有勇气表白。

有一次，他跟女孩约好上午8点去宿舍楼下等女孩去逛街。但是，女孩有个要求，到了楼下不许打电话，不许找人去叫自己，让男孩在楼下大声喊自己的名字，男孩犹豫了一下答应了。但那天正好是周末，早上8点楼下来往不断的女同学，多把目光扫向他。男孩在原地犹豫了半天终究还是没有喊出来，打女孩的电话女孩不接。过了一会儿另一个男孩来了。当他决定喊的时候，那个男孩已经大声地喊出了女孩的名字，女孩从阳台上招招手，然后很快下来了。挽着那个男孩的胳膊走了。男孩呆呆地站在原地，终于明白，自己由于难以决断，失去了绝好的机会，让自己心爱的女孩跟别的男孩走了。

后来才证实，女孩本想给男孩一个机会，同时也想让那个一直追女孩的男孩死心，但是，这个内向的男孩最终因为自己犹豫错过了唯一的机会。

做事不果断，只能让自己后悔。在机会面前人人平等，只有用最快的

第六章 职场的方圆之道 **161**

速度，大步向前，才能抓住机会。而那些瞻前顾后、患得患失的人只会使自己与成功和幸福擦身而过。职场做事更需要果断决策，该出手时就出手，先下手为强。

罗伦斯是20世纪70年代英国广播公司驻香港记者，他做的很多重大新闻被世界各大报转发。他曾讲过，有一个非常有意思的插曲。

一天，他在家接到一个电话，是伦敦总部打的，询问他"伊丽莎白皇后"号是否有新的进展。他回答，那是世界上最大的邮船，1930年在克莱德河上建成……

对方解释说，问的是目前的情况。

他依然没有想到问题的实质，还说：它就停在香港岸边，有人计划把它改成海上大学。

但是，对方说，那玩意儿现在正在燃烧。

他快步走到窗前，拉开窗帘。在他面前的港口上，那艘雄伟的邮船从头到尾都在熊熊燃烧，烟云蔽空。

他明白这是一条重大的新闻时，已经慢了半拍，有报纸已经报道了。

面对重大新闻，即使是最优秀的记者也会有决策慢的时候，以致错过抢独家新闻的机会。

问题的关键是什么？我们考虑一件事情的时候，没有从本质的情况着眼，以致错过了最佳的决策时机，失去了好的机会。

职场人士有太多的障碍，复杂的人际关系，利益纠纷，这都可导致决策无法果断。当机会向我们招手的时候，别忘了，只有果断决策，不能在犹豫不决中错失机会，这是"拯救"自己最好的方法。

职场之道

机会来临时,如犹豫不决,就会失去,虽可能弥补,但错过了最好的机会,很难做好完美。所以,在职场做事,该出手时就出手,先下手为强,办事果断才能把握更多的机会。时刻保持清醒的头脑,时刻准备抓住每一个让我们成功的机会,一切因为我们的果断而完美。

不要轻信他人之言

在职场，做人要真诚，才能得到周围人的支持和帮助。我们可以相信别人，但是，不能轻信别人，特别是在职场，人与人之间的利益关系复杂交错，就更不能轻易相信别人。

虽然说"害人之心不可有"，但"防人之心不可无"。千万不要轻易相信别人的话，很多时候，就是自己看到的也不一定是真实的，更何况是道听途说的呢？在职场也好，在生活中也好，千万不要轻信他人之言，这是保护自己的前程。

先看一个故事。

从前有个人，很穷，房无一间，地无一垄，靠打短工维持生活，很艰难。

一个偶然的机会，他得到一件粗制的短衣，于是穿在身上到处找活干。

有一个人见了，便对他说："我看你相貌堂堂，出身高贵，该是一个贵族的子孙，为何穿着这样粗制破旧的衣服呢？"

潦倒的穷人听到这些话，觉得这个人很有意思，问："你说我该怎样才能得到更好的衣服呢？"

那个人亲热地拍一拍他的肩膀说："老弟，我可以教你一个方法，会使你得到上等衣服，你按我说的做，请放心，我绝不会骗你的。"

穷人听了十分高兴，表示按他说的做。

那人便燃起一堆火，对穷人说："现在你脱下你的衣服扔到火里。在这烧掉的衣服处,你会得到最好的钦服。"

穷人毫不犹豫地脱下衣服扔到火里。等火一灭掉,他满怀希望地在灰烬里寻找钦服。当然,他不可能找到衣物。

为了得到虚无缥缈的皇家衣物,穷人把自己唯一的衣物都搭了进去,最终落得个一无所得。

职场也是一样,很多人为了虚无飘渺的一句谎言,不惜冲锋陷阵,结果成为众矢之的,成为他人利益的跳板。这样的例子数不胜数。还是中国那句古话,叫"防人之心不可无"。人的世界,虽然不像动植物那样种类繁多,但人的素质与个性却是千差万别。看似凶恶的人,却可能心如暖阳;而看似老实的人,却可能有着蛇蝎心肠。不管和你交往的人长得是凶神恶煞,还是慈眉善目,他的话都要掂量掂量是否可信。

清朝名臣曾国藩就曾有过因为没有防人之心而受到欺骗的事。

曾国藩向来都是礼贤下士,他也因此深得人们的敬重。有一天,一个陌生人来拜访他。此人穿着得体,谈吐不俗,曾国藩非常欣赏,待为上宾。

后来,两人兴致勃勃地谈论起了当代人物,客人分析说:"现在朝中有三人都不会受骗。胡林翼公办事精明,别人无法欺骗他;左宗棠公执法如山,别人不敢欺骗他;而曾公您则是以诚待人、虚怀若谷、以德感人、爱才如命,因此,别人不忍欺骗您。这可是胡、左两人无法与您相比的呀。"

曾国藩听后十分高兴,强邀他留下,并从此成了推心置腹的朋友。不久,曾国藩交付他一笔巨款,托其代购军火。这次,曾国藩没有想到,这人竟拿了钱一去不返。曾国藩跺脚叹息道:"好一个令人不忍欺!好一个令人不忍欺!"

相信很多人都有和曾国藩类似的故事。有句话是"不要和陌生人说话"。难道真的不要跟陌生人说话吗?当然不是,但跟陌生人交谈时一定要多加小心。还是那句话——防人之心不可无。

职场之道

"害人之心不可有,防人之心不可无。"职场更是这样。不管是刚入职场也好,久在职场也好,防人之心不可无!任何一张笑脸后面都可能包藏祸心,任何一句赞美的背后都可能是赤裸裸的利益。身在职场,我们不去害人,但不能不防人。不要轻信他人之言,一切让事实来说话,这也是对自己的保护,避免别人拿自己当枪使,避免自己的利益受损害。总之,一句话,防人之心不可无!

在职场不可不分是非

在职场为人处世，最忌讳的莫过于不辨是非。是非很难分清，特别是在职场，明处暗处，里面外面，种种利益交错，蒙蔽了一些人的双眼，于是，是非不分，误解别人，甚至打击别人，这无疑是错误的。

明辨是非是职场人士方圆处世的必需能力。不能明辨是非，就可能误解别人，给自己和别人带来困扰，把事情办糟。

楚汉战争期间，项羽的军队把刘邦围困在荥阳城。刘邦的大军大部分被韩信带出去打仗了，刘邦快到了绝境。

项羽觉得刘邦肯定是跑不了了，他带领着楚军驻扎在荥阳城外，牢牢地把刘邦围在城内，就算有援军来救刘邦，也冲不破项羽的大军。项羽就等着荥阳城内粮食吃光，看着刘邦束手就擒了。

突然有一天，项羽在大营里听到有人议论，说亚父范增想自立为王，暗地里跟刘邦勾结在一起，正准备策动谋反。项羽听了这话，非常生气。他想：范增一直跟着自己打天下，经常给自己出谋划策，自己对他又敬又畏，尊他为"亚父"，也就是干爹的意思。在楚军大营里，范增应该是自己最信任的人了，想不到连这样一个人都要背叛自己，和敌人一起来对付自己，真是人心难测啊。尽管很生气，毕竟范增谋反的事还没有证据，项羽也不好找范增当面对质，就把这件事藏在心里。从这儿以后，项羽对范增提防起来，看到范增时总觉得他有事瞒着自己，就不再像以前那样信任范增了。

项羽是个有勇无谋的人，他之所以能够聚集起那么大的力量，除了自己过人的神勇之外，更因为他身边有范增这个足智多谋的人时时提点，给他出谋划策。很多次危急关头，都是范增出面化险为夷。可以说，没有范增，项羽决成不了大气候。这样一个人，跟项羽合作了那么多年，项羽对他的为人应该很了解才是，怎么相信他要谋反呢？而且，范增已经是七十多岁的老头子了，离死也不远了，要创业早该选在盛年时，老成那样还瞎折腾究竟图什么？这些都是项羽应该考虑的问题，可是项羽没分析透彻，就相信别人的议论。

　　过了一段时间，项羽派一个使者到刘邦那里去办事。刘邦手下的智囊陈平热情地接待了使者，把使者迎到了贵宾室，命令人上了一桌丰盛的宴席，山珍海味应有尽有。陈平陪着使者吃饭，多次向使者询问范增的近况，不停地夸赞范增。酒过三巡，陈平突然凑到使者耳边说："范亚父有什么吩咐？"使者莫名其妙，就说："我是项王派来的人，不是亚父派的。"陈平吃惊地说："我还以为是亚父派来的呢。"接着就让人撤掉美食，把使者引到一个简陋的房间去吃粗茶淡饭。陈平也不作陪了，一甩袖子走了。

　　使者觉得备受羞辱，回去就把事情的经过都跟项羽讲了。项羽认为范增果然是勾结刘邦，要背叛自己，就大发脾气。一怒之下，他赶走了范增。范增根本就没有辩白的机会，看到项羽那绝情的样子，知道他无论如何也不会再相信自己，只好坐着马车踏上回老家的路途。一路上，范增怎么想怎么心痛、委屈、生气，就生了病。再加上一路颠簸，他那老迈的身体哪里受得了，就死在了回家的路上。

　　其实这一切都是陈平设的计，为的就是除掉范增这个大障碍。从花重金买通楚人散布谣言，到那场精彩的大戏，都是陈平精心策划的。

　　项羽在这个过程中不能明辨是非，活活冤死了范增。失去了范增以后，刘邦又用陈平计谋逃出荥阳城，项羽的事业渐渐走上下坡路。

　　项羽不能分清是非，对合作多年的义父也怀疑，最后竟然和范增决裂，这正中了敌人的奸计。这样的人怎么能够成就大业呢？看来，项羽自刎乌江不是天意，而是他自己不能明辨是非所致。

明辨是非是职场生存的一种必备的能力。只有明辨是非，才能聚集人缘，才能有良好的人际关系，为自己的职场生涯修桥铺路。

身在职场不必事事较真

职场中，有些人工作能力很强，但有一个缺点就是事事较真。而这样的人难有升职加薪的机会，不是上司不愿意提拔他，而是同事以及下属拆台。事事较真往往会出问题。小事不计较，可以趋利避害，为自己留出退路，多一条出路。

人与人交往是为了交流感情，增进友谊，而不是为较真，较真不仅会让双方心情不佳，也会影响自己的职场生涯。而那些做事懂得方圆，不事事较真的人，会有更大的发展空间，容易得到人们的认可。

在北宋时期，有位宰相叫王旦。他的曾祖父、祖父和父亲都学识渊博，都曾在朝廷任职。王旦的父亲对王旦严格教导，在长辈风范的影响下，王旦从小就出类拔萃。王旦23岁考中进士，很快就到平江做了知县。从那以后，王旦官运亨通，到宋真宗时期，就做到了宰相。王旦对宋真宗忠心耿耿，尽职尽责。他除了具备政治才华外，也是一位处世高手。他为人忠厚，心胸宽广，从来不为小事斤斤计较，总会给人留足面子，给人台阶下。

王旦的一位亲戚出于好奇想试试王旦是不是真正的待人宽容，趁王旦不注意往他的肉汤里撒了一些灰。王旦看到肉汤中有灰尘，便不再喝那汤。亲戚问他为什么不喝肉汤，他说："我突然不喜欢吃肉了。"后来，亲戚又想办法把王旦的饭也弄脏了，王旦只是淡淡地说："我吃不下饭了。"并没有因为亲戚的故意而生气，亲戚被他为人大度折服。

尽管王旦为人宽厚，但依然会遭到别人的批评和诋毁，寇准就是说王旦坏话最多的同僚。王旦和寇准是同年进士，但寇准的官没有王旦大，有些不服气，于是，常在宋真宗面前说王旦的坏话，甚至会在文武百官面前指责王旦。但王旦没有因此而记恨寇准，反而每次跟皇上谈及寇准的时候，都会真诚地称赞寇准的才华和非凡的能力。所以，即使皇上也为王旦抱不平。

一次，皇上对王旦说："王旦，你经常在朕面前称赞寇准、夸奖寇准，可是寇准每次都在朕这里说你的短处。"若是像和珅那样的人，看到连皇上都在为自己打抱不平，定会在皇上面前喊冤叫屈，甚至恶意中伤政敌。但王旦没有因为寇准对自己的敌意而在皇上面前说寇准的不是，而是坦然地说："那是当然的了，毕竟我在位的时间长，办事多，一定在某些地方有失妥当，寇准恰巧把我的错误和过失毫无避讳地向皇上您提出来，这是好事啊，足可以彰显他的正直，我之所以很看重寇准，也就是出于这个缘故。寇准是我的良师益友。国家有这样的官员，也是国家之福。"皇上听王旦这样说，对王旦又增添了一分敬重，说："人们常说宰相肚里能撑船，我看你就是这样一位宰相。"

但是，寇准没有知恩图报，仍像从前一样，常在皇上面前揭王旦的短。一次，王旦一件公事上没有处理好，确实不合法。正好这事经寇准审核，寇准就毫不客气地禀报了皇上。皇上知道了事情的前后因果后，就严厉责备了王旦。王旦很坦白，承认了自己的错误，没有表示出对寇准不满的意思。

这事之后不到一个月，寇准办错了一件公事，而正好由王旦审核，但王旦却没有像寇准那样去向皇上打小报告，而是把这件公事送还给了寇准。这件事让寇准很惭愧，于是他主动上门道谢："仁兄的度量真大，我应该向仁兄好好学习。"

寇准后来托人求王旦推荐他做宰相，王旦没有答应，而是说："将相之任，怎能自己求呢？"寇准以为王旦不会推荐自己做宰相了，又对王旦心生不满。但王旦认为寇准是个有才之人，国家需要这样的人才，于是就向皇上推荐寇准,请求皇上赐予他宰相的职位。虽然王旦没有接受寇准的贿赂,但因公向皇上竭力称赞寇准的才能,建议给寇准以宰相之职。皇上对王旦的建议自然是欣然采纳。

在如愿当上宰相之后,寇准感激地对皇上说:"还是皇上了解我,不然怎么会让我担此重任。"皇上却告诉寇准之所以让他当宰相,完全是因为王旦的极力举荐。寇准听后感慨万千:"王旦的气量我实在是比不了的。"王旦的度量终于感动了寇准,于是寇准一心一意地辅佐皇上,终成一代名相。王旦也为人传颂,他宽宏大量、公而忘私、为国举贤、忠诚不二,无一日不为国家大局着想。

试想,如果王旦事事较真的话,那么,他怎么会轻易宽恕亲戚,更不要说放过寇准了。他用大胸怀包容了别人,以宽容之心为自己趋利避害,赢得了他人的尊敬。职场中的圆通之术又何尝不是如此呢?

职场如战场,是没有硝烟的战场。职场拼的不是武力,而是智慧。那些事事较真的人,是在为自己埋下隐患,这些隐患注定会成为这些人前进的障碍。只有懂得宽容,懂得方圆处世的人,才能取得这场没有硝烟的战争的胜利。

让谣言不攻自破

在职场，任何人都会面对流言飞语，特别是那些成绩出色的佼佼者，更容易招致流言飞语。如何面对谣言？是据理力争还是让时间来证明一切？不同性格的人有不同的看法。我们无意去讨论各种看法，只说最有意义的一点，那就是不要让谣言伤害了自己，做自己该做的事情，用自己的成绩和实力说话，这样，谣言会不攻自破！

张海和李鹏在大学是同班同学，毕业后到了同一家公司。两个人在大学就是好朋友，到了公司关系更近了。工作两年后，李鹏因为表现出众升职了，成为部门主管。对李鹏的升职，张海不置可否。但是从张海疏远自己的行为中李鹏可以看出，张海不喜欢和现在的自己做朋友了。在努力了几次之后，李鹏也就不再说什么了。

令李鹏万万没有想到的是，张海居然在公司里将自己以前在大学里的事情到处散播，并且通过不断传播越来越离谱。离谱的故事说李鹏在大学没有好好学习过，几乎每次考试都是靠抄袭作弊才能勉强过关。他能进这个公司，又能很快当上领导，根本原因就是他会笼络人，没有真本事。

对于流言，李鹏一句都没有解释。一次助手小陈对他说："主管，你知道这一段时间，大家都在传一些关于您的乱七八糟的事情，您应该将这个散布谣言的人抓出来，不然谣言越传越不像话，这对您的名誉会有损害的。"

李鹏笑了笑说："既然大家觉得是好笑的事情，听听就一笑了之。哪怕是坏事情，听听也没有什么关系。反正大家茶余饭后也要有点乐趣的，我的名誉好坏与否都不会影响我把自己的事情做好。"

小陈轻轻地说："您肯定知道是谁散布谣言的，您为什么要忍耐，不去警告他呢？"

李鹏笑着说："因为我有太多的事情要做，完全没有必要在这上面浪费时间，如果我花时间在这上面的话，那必然会耽误很多重要的事情。我又何必把力气和时间浪费在这种毫无意义的事情上呢？"

助手小陈和很多同事说，李鹏真是一个能忍辱的人，明明知道谣言的制造者是谁，他也能忍着不发火，还气定神闲地做自己的事情。

李鹏面对谣言，根本没有动气，而是努力把部门的工作做得非常出色。他用自己的成绩向公司所有的人证明了，关于他的那些谣言在他的成绩面前是没有用的。

李鹏的出色成绩让谣言不攻自破。在后来的日子里，李鹏回忆起这段经历，也感慨良深。他说，当时我听到这些谣言时，心里非常难过，也想要找张海进行理论。但转念又一想，即使理论也是白说，还不如忍住不说，将这些生闲气的时间省下来做一些有用的事情，只有时间和成绩能才能说明一切。所以，他决定在流言中做一个忍者，就算流言再厉害，最后也会在他的成绩面前不攻自破。

作为部门主管，要抓像张海这样普通员工的小辫子是非常容易的。但李鹏用自己的隐忍取得了决定性的胜利，不但在工作上取得了进步，而且还获得了下属的拥戴。最终，成了这场职场斗争中的胜利者。

"一忍可以制百辱，一静可以制百动。"老子在《道德经》中说："曲则全，直则枉，洼则盈，敝则新，少则得，多则惑……"

职场人士，特别是领导，被人评说是非是常有的事情。如果不顾及身份和这些传是非的人争长短，不但会浪费很多时间，还会让手下对自己做出更坏的评价。所以，聪明的领导不去理会谣言，而会通过事实来证明一切。

◇职◇场◇之◇道◇

　　聪明的职场人士不理会谣言,他们把时间和精力全部放在工作上,通过事实来证明一切。谣言止于智者,谣言只能让智者更强大。面对职场的谣言,最好的办法就是用自己的成绩和实力来说明一切,让谣言自灭。

宁可得罪君子，绝不得罪小人

职场中，有的人刚直不阿，仗义爽快，而有的人睚眦必报，一点不愉快的小事都会怀恨在心。得罪君子，君子不会对你背地里使坏；而得罪了小人，他们就会在你背后打黑枪，使绊子，那你以后做事不会顺利，关于你的谣言也不会少。所以，在得罪人之前，要好好考虑一下，多一个朋友比多一个敌人好。

中国自古就将人分为两种：君子和小人，可谓泾渭分明，爱恨自不必多言。但很多时候，我们得罪得起君子，却得罪不起小人。因为君子讲正理，小人说歪理；君子追求和谐，小人存心捣乱；君子言行一致，小人阳奉阴违；君子严责自己，小人暗算他人；君子总在明处，小人常在暗处。

郭子仪晚年退休居家，不问政治，忘情声色以排遣岁月。那时卢杞还未成名。

有一天，卢杞来拜访他。他正被一班家里所养的歌伎们包围，歌舞升平，得意地欣赏玩乐。听到卢杞来了，郭子仪马上命令所有女眷，包括歌伎，一律退到大会客室的屏风后面，一个也不准出来见客。

他单独和卢杞谈了很久，等到客人走了，家眷们不解地问他："你平日接见客人，从来不避讳我们在场，为什么今天接见一个书生却这样慎重？"郭子仪说："你们有所不知，卢杞这个人，很有才干，但他心胸狭窄，睚眦必报。他的长相很不好看，半边脸是青的，就好像庙里的鬼怪。你们女人们爱笑，没有事也爱笑一笑。如果看见卢杞的半边蓝脸，一定要笑，这样他一定会记恨在心。一旦他得志，你们和我的儿孙，一个也别想活了！"

不久卢杞果然作了宰相，凡是过去对他有不敬的，一律没能免掉杀身抄家的冤报。只对郭子仪的全家格外照顾，即使郭家有些不合法的事情，他也曲予保全，认为郭令公非常重视他，大有知遇感恩之意。

生在礼仪之邦的国人，最忌讳的就是被别人说成是小人。小人似乎成了所有卑劣行径的代名词。而君子则不同，君子是人人崇尚的，大概只有想成为君子的小人，而没有想成为小人的君子。君子与小人究竟区别何在呢？君子老实做事，襟怀坦荡，温和如春风；小人则弄虚做假，鼠肚鸡肠，阴险如冬日严霜。因此，切不可不把小人放在眼里。

刘海是彩电推销员，不留神得罪了一个客户。这个客户好像没有在意，甚至还要和他签一张 50 万元的大单子。刘海本想拒绝，但看着人家一脸的诚意就签了合同。讲好货到付款，两不相欠。可是等到刘海把货物送到之后，客户却说先付一半的钱，剩下的钱他明天再给。结果这笔钱一拖再拖，刘海受到公司领导的严厉批评，这才想起得罪客户的事情，才明白这个客户是一个睚眦必报的小人。刘海在客户的公司等了几天，终于等到了客户。

客户见过刘海依然是热情的样子，就带刘海去了一家饭店，在饭桌上频频地劝刘海喝酒。刘海是个聪明人，他看出客户是想把他灌醉，然后把货物带走。刘海就假装被他灌醉了，结果客户真的准备偷偷把货物带走。在客户装货的时候，刘海站在了他面前，说："要么你把剩下的货款交给我，要么我就报案。"客户没有办法，只好乖乖地把余下的款项都交清了。

职场之道

在职场，做人一定要懂得方圆之道，该方的时候方，该圆的时候圆，尽量避免做得罪人的事情。得罪了君子就罢了，得罪了小人，那就得不偿失了。君子可以防，小人却防不胜防。所以，在得罪人之前，要好好考虑一下，多个朋友比多一个敌人好。

做人要坦荡，做事要踏实

在职场，做人做事该方的时候一定要方，该圆的时候就一定要圆，这样才能成功。做人坦荡真诚，才能赢得别人的尊重和帮助；做事脚踏实地，才能一步一个脚印地走向成功

古训云："诚以待人，无物不格"。诚者，成也。想要成就一番事业，做人要坦荡真诚，做事须脚踏实地。

艾尔和比尔是一家速递公司的员工。在工作上，他俩是非常好的搭档，工作认真，成绩出色。老板对他俩非常满意，但同时也发愁。公司准备设一名客户部经理，面对这两名出色的员工，老板难以决断。

但这时发生了一件事，让老板终于决定了升谁为客户部经理。

那天，艾尔和比尔一起负责把一件非常贵重的古董送到码头，老板在他们出发前多番叮嘱，一定要小心保护古董。但是，送货车在半路上就出点了意外，他们只能下车，准备修车。公司有规定，如果不能够按时将货物送到，他们都会被扣掉一部分奖金。

艾尔决定背着货物到码头，结果，他们在规定时间之前赶到了码头。这时，比尔对艾尔说："我来看一会儿吧，你去找货主。"比尔在打自己的小算盘，如果客户看到自己背着货物，一定会把这件事告诉老板，老板没准还会为自己加薪。比尔只顾打小算盘，在艾尔递给他货物时，他没有接住掉在了地上，"哗啦"一声，那个贵重的古董碎了。

"你是怎么回事？我还没有接住你就放手。"比尔冲着艾尔大声喊道。

"可是你明明伸手了，我递给你的时候是你没有接住。"艾尔辩解道。

艾尔和比尔都知道打碎了古董对他们来说意味着什么，丢掉现在的工作是小事，更重要的是他们还得面对巨额的赔偿。

两人忐忑不安地回到公司，老板知道以后，狠狠地训斥了他们一顿。让他们先出去等待处罚。比尔趁着艾尔不注意，偷偷地又跑回了老板的办公室。比尔对老板说："老板，摔碎古董不是我的错，是艾尔一不小心摔碎的……"老板听完了比尔的描述，平静地对比尔说："好了，我知道，谢谢你，你先回去吧。"

接着老板把艾尔叫进了自己的办公室。看着艾尔进了老板的办公室，比尔心里偷偷地笑了，长长地舒了一口气。

艾尔进了老板的办公室，将事情的经过对老板讲了一下。最后说："对不起，老板。这件事是我的失职，我愿意承担全部责任。比尔的家里条件不太好，他的责任我愿意承担，我来赔偿客户的损失。"老板没有说话，只是让比尔先回去等处理通知。

等待是最漫长的，艾尔和比尔在痛苦中熬过一夜。第二天，老板把他们都叫进了自己的办公室。老板说："你们来的时间也不短了，我一直非常欣赏你们两个，这段时间我一直在考虑从你们两个中间选一个人担任客户部经理，但一直在左右为难，没有想到你们出了这样一件事。"

"不过，发生这件事也不一定是坏事，因为这件事让我更清楚地认识了你们，我也有了最合适的人选。我决定，请艾尔担任客户部经理，因为，他是一个勇于承担责任的人，这样的人是值得信任的。比尔，我已经通知财务给你结算工资了，一会你去领你的工资，今天就不用上班了。"

"可是，老板，为什么呢？"比尔问。

"实话跟你说吧，其实，古董的主人看到了你们递接古董时的动作，他对我说了他看到的事实。还有，我看到了出问题以后你们两个不同的态度。"老板说。

结果，艾尔成了客户部的经理，而比尔则失去了一份不错的工作和大好的前程，原因就是做人不坦诚，做事不踏实。在老板看来，只有做事坦荡的人，做事才能踏实。尽管比尔做事看起来不错，但如让比尔去独当一面，难免会因为做人不坦诚做出一些出格的事。而这是任何一个老板所不允许的。

"坦坦荡荡做人，踏踏实实做事"，坦荡做人，是一种气魄，是一种胸怀，是一种魅力，踏实做事，是一种责任，是一种精神，更是一种品质。"坦坦荡荡做人，踏踏实实做事"是为人处世的经典原则，只有这样才能赢得别人的支持和帮助，不断接近成功。

"坦坦荡荡做人，踏踏实实做事"这是职场做人做事的重要要求。只有遵循这个基本的做人做事准则，这样做人才会有原则，做事才会有态度。一个原则，一个态度，相信，每个人成功的小径都会是遍地花香的，只有做到这点，职场之路才能走得更顺利，才会取得更大的成绩！

〉〉〉第七章 职场的情理之道

　　身在职场，固然应该圆滑些，世故些，但职场利益交错，没有人是唯一的赢家。最终的赢家不过是职场情理之道中一种相互妥协。没有人可以独自成功，没有人可以离开别人的支持，职场之道，更重情理，更重信誉。职场同样具备了中国式的人情，中国式的处事方式。所以，任何一位职场人士，只有掌握了职场的情理之道，才能真正地笑傲职场。

善于表现，但是不要乱表现

在职场，竞争越来越激烈。在竞争中能够尽快脱颖而出的重要方法就是充分表现自己，让上司和同事看到自己的优点和长处，达到升职加薪的目的。但表现自己时要注意把握机会，切不可急功近利，不然可能会遭到挫折与失败。

表现自我很重要，善于表现自我更为重要，千万不要乱表现。聪明人应该懂得韬光养晦，收敛锋芒，避免"树大招风"，这虽然是老生常谈，却是实打实的生存发展策略。

郑庄公欲伐许国。在出征之前，需要选拔先行官。众将领一听露脸立功的机会来了，个个摩拳擦掌，准备大显身手。

先行官的选拔需要进行3关考核。第一关考核的人最多，经过轮番比试，最后选出了6个人来。第二关是比射箭，规则是每位射3箭，以射中靶心者为胜。前面几位一个也没有成功。到第5位上场了，只见他搭弓上箭，3箭都中靶心。这个人就是公孙子都。他武艺高强，年轻气盛，向来不把别人放在眼里。射完之后，他昂着头，瞟了最后那位射手一眼，就退了下去。

最后那位射手是位老人叫颍考叔，胡子都有点花白，他曾经劝过郑庄公与母亲和解，因此郑庄公对他很感激。当时，轮到颍考叔上场。尽管公孙子都表现非常优秀，但他没有丝毫慌乱，抬手3箭射出，也都中靶心，与公孙子都射了个平手。

庄公见最后一轮考核只剩下两人，便派人拉出一辆战车来说："你们二人都站在百步开外，同时来抢这部战车。谁抢到手，谁就是先行官。"

公孙子都很轻蔑地看了颍叔考一眼，认为自己年轻肯定比一个老头跑得快。哪知他跑了一半时，不小心摔了一跤。等爬起来时，颍考叔已经把战车抢到手了。

公孙子都见状大怒，提起长剑就来夺车。颍考叔一看，拉起战车飞跑。郑庄公看到这阵势，连忙派人阻止，宣布颍考叔为先行官。

因为了这件事，公孙子都对颍考叔怀恨在心。

后来，颍考叔果然不负郑庄公所望，在进攻许国都城时第一个登上了许都城头。

但是，就在颍考叔手举大旗挥师大进的时候，公孙子都在城楼之下看见了他，想起当日夺车之恨，他竟然抽出箭来搭弓射向颍考叔。

颍考叔不知道这个情况，公孙子都只用了一箭就射中了颍考叔的心脏。颍考叔一头从城墙上栽了下来。

从这个故事中可以明白一个道理：做人不可乱表现，更不能锋芒太露、傲气争功，颍考叔就是一个悲剧。他作为一个已有功在身的老臣，完全没有必要跟年轻的将领争功了，但他总想立功求赏，与人争胜，结果被暗箭伤了性命。

老子说："不自见，故明；不自是，故彰；不自伐，故功；不自矜，故长。"一个人有能力没有错，但错就错在处处炫耀自己，争强好胜，这会把自己推向风口浪尖，这是非常不明智的。聪明的人知道什么时候运用自己的才华，而不需要的时候，他们就会将自己的锋芒收起来。

周清在一家大型广告公司做设计，在工作了一段时间以后，同事都看得出来，周清是一个非常有才气而且清高的小伙子。他的确非常聪明，天马行空的设计方案，常常得到公司上层的赞许，在公司自己的刊物上，周清还被称为"怪才"。

和周清一起被公司录取的同事们没有一个能够得到公司上层的赞许，也没有周清的才气。周清的方案几乎都是一次通过，经常迎来同事们欣赏的眼光，甚至很多同事都经常拿着周清的方案和周清一起讨论学习。这种情况让周清非常自豪。所以，他每次都会竭尽全力做好每一个设计方案。

在公司不管做什么事情周清总会一马当先，尽可能地做到完美，处处争强好胜，看起来春风得意。但两年后，和他一起进公司的同事几乎都有所升迁，只有他原地踏步。周清没有明白这是怎么一回事，他觉得自己的设计被肯定，自己的创意被肯定，为什么自己不能得到升迁呢？

周清没有看到，就是因为他出众的才华让他成了公司的异类。因为，在开始进公司的时候，他就因为才华受到了大家的追捧和肯定，而他不知自敛反而处处显示自己，他就变成了一个脱离公司集体意识的人。他被大家捧到了一个比较高的位置上，他身上的缺点和优点自然也被领导看得非常清楚。领导自然对他也有所顾忌，因为周清太多地考虑了自己的感受，完全没有照顾其他人，只顾自己表现，忽视了其他人的贡献和支持。而公司的领导又非常保守，强调团队精神，做事讲究合作，共同进步，像周清这样的人，自然不会受到领导的信任和重用。

一个人有才华诚然可贵。但人是社会动物，尤其是在职场里，与人合作最为重要，合作才能让一个企业走向成功。而一个人，有再多的才华都不能办到这一点。聪明人在职场中懂得将自己的才华合理运用，在发挥自己才华的时候又不忘与别人合作。只有这样，才能让自己不处在危险的风口浪尖之上。

◇职◇场◇之◇道

身在职场，要善于表现自己，更要懂得适当地表现自己，不能乱表现。"木秀于林风必摧之"，所以，在职场，在表现自己时要注重他人的感受，切忌胡乱表现，把自己推向风口浪尖。

给下属表演的舞台

很多人升职到了一定的地位对权力的欲望会越来越强烈。说到底，这是人对支配力的渴求，认为只有自己支配更多的权力，才能体现自己的价值。我们都学过历史，历史上不乏这样的人，蒋介石就是一个明显的例子。他大事小事都要抓，几乎没有完全信任的人，大大小小的战役都要按自己的计划来，以致他手下的众多黄埔将领被束缚了手脚。有句话说得好："要想毁灭一个人，给他权力；要想成就一个人，也同样给他权力。"可见，权力是一把双刃剑。

人们常说"好马不吃回头草"。但是，萧何月下追韩信，韩信为什么去而复返呢？是因为萧何许诺了他帅印。有些领导喜欢唱独角戏，只给职位不让权，甚至事无巨细，一一过问，喜欢自己拍板定调，这样的用人方法，自然是束缚了手下的手脚，下属之间甚至会互相推诿扯皮，事事请示，浪费了大量的时间和人力资源。

世界上没有哪位领导可以单独做好一切，只有善于利用下属的智能，将职位和相应权力一同交给下属，才能够提高工作效率，从而为企业带来效益。所以，作为领导者一定要给予下属适当发挥的舞台，放手让他们发挥才能，这样，不但能使事情进展顺利，而且能得到善用人才的美誉，此乃领导的荣耀。

楚汉相争时，刘邦可以说一无是处，但他敢于放心使用手下，让手下的猛将各自独当一面作战，并且集思广益，用谋臣武将之所长，才夺得了天下。再看项羽，自恃深懂兵法，又有拔山举鼎之力，认为自己天下无敌了，不听谋臣之计策，对手下的猛将视而不见，有的即使任用也不信任。要知道，最终打败项羽的韩信就是从项羽这边投敌的。由此可见，刘邦之所以成功，一个重要原因就是他的用人机制，而这也是项羽失败的重要原因。

高明的领导者都懂得：自己的工作是管理，而不是专制。任人唯才，放手使用人才，才是领导者的高明之处。"事在人为"，成功的关键在于用人。对下属委以重任，效果往往比物质金钱更有效，可以激发出下属的荣誉感和责任感。

人才是培养出来的。领导者在用人时应该放手让他们自由发挥，体现出自身的价值，让他们肩负起使命和责任。真正的人才，要的不仅是薪水，更需要的是发挥自己的才能，体现自己的价值，追求事业上的成功。管理者如果能够满足下属在这方面的需求，自然能够使其精神抖擞，全力为你效劳。

美国一位知名的企业家在总结自己成功管理时说："知道选用比他本人能力更强的人来为他工作是英明的管理者，与下属的一技之长相比，领导需要的则是用人之长。企业重用人才的原则之一就是理解、尊重和信任，只有大胆地将权力和责任一并交给下属，才能提高他们的工作热情，从而获得企业和个人的共同利益。"给下属提供舞台，让他们充分发挥是领导者的高明之处，古今中外概莫能外。

春秋时期，鲁国使者晋见齐桓公，负责接待的官员则向齐桓公请教接待的礼节和要注意的要点，齐桓公说："你去问问宰相管仲吧！"

又一位官员向齐桓公请求批文，齐桓公还是那句话："你去问问宰相管仲吧！"

此时，一直站在齐桓公身边的侍从便小声嘀咕说："如果什么事情都去问宰相管仲，那么当君主也是挺轻松的事情！"

齐桓公闻言，反问道："那你知道为什么要选用管仲当宰相吗？"

侍从无言以对。

齐桓公说："像你这样鼠目寸光的人又怎么懂呢？一国之君之所以辛苦地网罗人才，就是希望这些人能够为寡人所用。再说国事之多，若凡事都由君主亲自决定，根本是行不通的，而且这会浪费辛苦找来的人才。"

齐桓公接着说："为了求得贤才做宰相，我费尽千辛万苦才找到管仲，我当然要把事务交给他全权负责，而不应该随意插手。凡事只有有条不紊地进行，齐国才能长治久安、兴旺强盛。"

由于齐桓公的贤明领导，再加上管仲的大力辅佐，不久，齐国就成了五霸之首。齐桓公这种"凡事问管仲"的做法很值得如今的领导借鉴。相信领导都有求才若渴的经历，知道人才难得，身为领导，就应该大胆地让下属去发挥才干，为他们提供施展智慧的舞台，切忌随意插手干预或泼冷水。

职场之道

任人唯才，放手使用人才，是领导的高明之处。作为领导，只有放心使用人才，让下属有自己充分发挥的舞台，才能调动下属的积极性，从而高效率地完成工作。这也是一个公司、一家企业的活力之源。这些都是任何一位领导者应该明白的道理。

收心为上，收身为下

想做一个出色的管理者，在职场中脱颖而出，需要的不光是横溢的才华，也不仅是过硬的业务能力，而是具备一个领导所需要的"聚集力""号召力"，通俗一点说，就是具备当管理者的"黏合人"的本领。

"敬人者，人皆敬之；爱人者，人皆爱之。"明智的领导，会更加注重收拢下属的心，为自己增加一个同甘苦、谋事业的坚强靠山。成大事者，都是依靠无数人的支持才取得成功的，这是毋庸置疑的，职场也是一样。正所谓"得其民者得其国"，任何时候都不要小看同事的力量，如果能够拉拢他们的心，就可以成就自己的事业。

三国时期，刘备为了避免与曹操的十万大军交战时累及无辜百姓，便弃樊城，带领百姓投奔江陵。逃跑途中，在当阳长坂坡与曹操追兵展开了一场大战，赵云为了救刘备的妻儿，单枪匹马突出重围，历尽艰难，终于来到了刘备的面前。

当时，刘备正在树下与众人休息，赵云赶到后立即下马，"伏地而泣"，气喘吁吁地对刘备说："赵云之罪，万死犹轻！夫人身带重伤，不肯上马，投井而死，云只得推土墙掩之，怀抱公子，身突重围，赖主公洪福，幸而脱险。"

说完，赵云突然想起刚才还在自己怀中嘤嘤啼哭的小公子，这个时候却没了声音，便急忙揭开来看，原来小公子已经睡着了。于是，赵云欣喜地说："幸好公子无恙！"便双手将孩子送给刘备。接过孩子的刘备出人意料地将孩子扔到地上，然后说："为这孺子，几损我一员大将！"赵云见状，立即从地上抱起小公子，哭着对刘备说："云虽肝脑涂地，不能报也！"

很多看过三国的人对此事褒贬不一，有人认为这是刘备故意做给众人看的，是拉拢将士的心，有人说，刘备爱将胜于爱子。但是，不管怎么说，刘备当时是轻父子情，重君臣心的。他对赵云的感激之情无以言表，而赵云，为此也更加坚定地追随刘备。

刘备正是运用这种恩情，身边才聚集了赵云、张飞、关羽、诸葛孔明这些才华横溢的杰出人才，并依靠这些出众的人才成就自己的伟业。

收服一个人，首先要收服他的心。想让一个人全心全意地为自己效力，就必须从感情和良知上征服对方。然而，有些人喜欢使用"恐吓"的方式，以达到让对方归顺自己的目的。但是，使别人害怕你，只能是短暂的，如果能让对方感激你，就能得到长久的效果。

俗话说："以心换心"，想要得到什么，必须先付出什么。想要得到别人的真心拥护，首先一定要真心对待别人。

松下幸之助这个享誉世界的日本著名企业家就是一位十分注重感情投资的人。他说过："最失败的领导，就是那种员工一看见你就像鱼一样没命地逃开的领导。"每当看见辛勤劳动的员工时，他都会亲自为他们沏上一杯茶，并且感情饱满、真情实意地说："我由衷地感激你，真是太辛苦了，请喝杯茶吧！"对一般的人来说，这不过是举手之劳，但一个企业的最高决策者为普通员工沏茶，就会赢得对方由衷地感动。松下幸之助正是在这些小事中处处表达着对下级的爱和关怀，所以才能够获得下属们的一致拥护，使他们心甘情愿地为他效力。

民国年间，身为一世枭雄的袁世凯在统御部下方面也十分重视感情投资。

早在小站练兵的时候，袁世凯就在天津武备学堂物色了一批军事人才，对这些人才重点培养，培植自己的力量，其中就有段祺瑞、冯国璋和王士珍。而正是这三个人，成了北洋系统叱咤风云的人物。为了让他们对自己感恩戴德，袁世凯可谓煞费苦心。

袁世凯在创办新军时，相继成立了三个旅，采用考试的方法选拔协统。

第一次，王士珍考取；第二次，冯国璋考取。

而从柏林深造回国的段祺瑞却接连两次失败。他自认为学历不凡，但是，失败的打击令他有些信心不足。他想，剩下最后一次机会，如果不能把握住，那自己必然要屈居人下。因此，第三次考试之前，他异常紧张。

在第三次考试的前一天晚上，段祺瑞在家无奈地发呆。这时，袁世凯传令叫他过去，段祺瑞不敢怠慢，马上前往帅府。刚见面，袁世凯便拉段祺瑞坐下，然后东拉西扯地聊一些无关紧要的话题。段祺瑞临走前，袁世凯塞给了他一张小纸条，尽管段祺瑞心中纳闷，但出于礼貌和袁世凯的威严，他也没有当面拆开。回到家后，他便迫不及待地打开纸条，顿时欣喜若狂，原来上面全是次日考试的答案。

为了第三次考试能够取上名次，段祺瑞便连夜准备。考试结果出来，段祺瑞果然高中第一名，于是，顺理成章地当上了第三协的协统。

就因为这件事，段祺瑞深深感到袁世凯就是自己的伯乐，对自己有知遇之恩，决心终身相报。多年后，段祺瑞依然深深地沉浸在当年袁世凯帮他渡过的那次考试难关的知遇之恩中，依旧对袁世凯感恩不尽。冯国璋、王士珍听罢都大笑起来，原来王、冯在一试和二试之前，同样收到了袁世凯的小纸条。

也许很多人对袁世凯的舞弊行为不齿，但如果你有这样的领导，你会不高兴吗？如果你因为领导为了帮助你舞弊而愤然离去，那么，你很难有升职的一天了。袁世凯运用这种权术可谓妙不可言，让段祺瑞等人对自己忠心耿耿，又没有落下把柄。任何一位领导都会提拔忠于自己的人，而不是工作能力强却不听自己领导的人。

◆ 职 场 之 道 ◆

　　作为领导，要想获得别人的拥护和支持，就需要懂得如何"收买人心"，只有具备了这个本领，才能助自己成就一番伟业。而懂得"收买人心"是每一位领导必须具备的才能，是一个人在事业上获得成功的重要素质。

用诚心能换来忠心

在职场，处世圆滑一些是必要的，但有时，也需要付出你的诚心，以换取别人的拥护和支持，开创一番事业。人是有感情的，职场内也有情感，只是太多的利益交错让情感淡化了，但人的一切行为都受感情支配，对你的同事以及下级给予尊重、帮助，你就能够获取他们的感情。

三国时期，蜀国外患频频，北方有魏国全面攻击，南方孟获又率领蛮邦不断骚扰。作为蜀国丞相的诸葛亮，自然要肩负起保卫国家安全的重任。他决定指挥军队南下，首先解决南方危机，然后再重点防御北方的魏国，从而避免腹背受敌。

诸葛亮认为："最好的办法是攻占人心，而非城池。心战为上，兵战为下，赢得人心是最关键的。"用真诚换对方的臣服，确保国内稳定。

在交战之前，诸葛亮就已经布置好了陷阱，所以，交战时轻而易举地就俘获了孟获大部分军队，连他本人也被俘虏了。然而，诸葛亮并没有处死他，更没有惩罚他，而是设宴以美食和美酒款待他们，面对诸葛亮的"宅心仁厚"，众蛮兵感动得热泪盈眶，纷纷感激诸葛亮的不杀之恩。

此时，诸葛亮召见了孟获，问他："如果我现在放了你，你会怎么做？"

孟获非常干脆地说："我会再次招兵买马，与你决一死战。但是，若是我再次被你俘获，就会臣服于你。"于是，诸葛亮立即下令释放了孟获。

孟获果如其言，很快征集部队，准备与诸葛亮决一死战，但他的部下因为受到诸葛亮的善待，反戈一击，将孟获绑住交给了诸葛亮。

此时，诸葛亮再次以相同的问题问孟获，孟获说："我不是在公平决战中被打败的，而是因为手下人的背叛，所以，我会再与你决一死战，以分胜负。如果我第三次被俘虏，我将会臣服于你。"于是，诸葛亮又放了他。

在接下来的几个月当中，诸葛亮一而再、再而三地智擒孟获，但是，屡次被俘获的孟获每次都有诸如误中诡计、运气不好、时运不济等新的借口。

直到第六次被擒获时，孟获才主动说："如果我第七次再被你俘获，我将会倾心归顺于你，永不反叛。"

诸葛亮也明确地表示："如果我再次擒获你，就不会释放你了。"

结果，在第七次战役中，孟获又成了诸葛亮的俘虏。诸葛亮不忍心再面对他的俘虏，所以，就派专人传达自己的命令，对孟获说："丞相特意派我前来释放你，如果你能够办得到，就再次动员一支军队与他决战，看你是否能够击败丞相。"

此时，孟获早已垂泪不止，跪倒在地，表示自己已经臣服于诸葛亮。于是，诸葛亮就设宴款待孟获，重新让他登上王位，并且还将征服的土地全部归还给他，然后诸葛亮就率军返回了自己的营地。通过七擒七纵孟获，南方的问题被彻底解决了，而孟获所部，再也没有叛乱。

职场之道

攻心为上，攻城为下。职场也是这样，只有诚心对待自己的同事和下属，才能换来同事和下属的支持和帮助。将心比心，只有这样，才能赢得下属的忠心，才能为自己成就一番事业打下坚实的群众基础。

不要事不关己,高高挂起

在职场,并不是做好自己的事情就够了,那仅仅是一种保住一份工作的做法,而真正地做好一份工作,成就一番事业,那就应该去做更多的力所能及的事情,去挑战更艰巨的任务,积极主动地承担一些分外的工作,这样一来,你就在把工作做好的同时,也锻炼了自己在其他方面的能力,从而使你更具竞争力。只有这样,才能在激烈的竞争中立于不败之地。

一位年轻的小姐曾经为拿破仑·希尔当助手。她的工作是记录拿破仑·希尔的口述内容。她的薪水和其他从事相类似工作的人无多大差别。

一天,拿破仑·希尔口述了下面这句格言,并要求她用打字机把它打下来:"记住,你唯一的限制就是你自己脑海中所设立的那个限制。"

当她把这则格言打印出来交给拿破仑·希尔的时候,拿破仑·希尔说:"你的格言使我获得了一个想法,对你、我都很有价值。"

拿破仑·希尔没有对这件事留下特别深刻的印象,但从那天起,拿破仑·希尔发现,这位年轻的助理小姐变了。她开始在用完晚餐后回到办公室,去做一些并不是她分内而且也没有报酬的工作,而且她开始把写好的回信放到拿破仑·希尔的办公桌上。

她仔细研究过拿破仑·希尔的风格,这些信回复得跟拿破仑·希尔自己写的几乎完全一样,有的甚至更好。长期以来她一直保持这个习惯,直到拿破仑·希尔的私人秘书辞职为止。

当拿破仑·希尔需要找人来填补秘书的空缺,他很自然地想到这位小姐。

由于这位年轻小姐的办事效率非常高，拿破仑·希尔已经多次提高她的薪水。此外，她还能从容地应付拿破仑·希尔交给她的一些"意外"的工作。就这样，她让自己变得对拿破仑·希尔极有价值，使得拿破仑·希尔不能失去她这个帮手。

为什么这位小姐取得如此大的进步呢？因为她的进取心。正是她的进取心，使她脱颖而出，可谓名利双收。

这个故事告诉我们，进取心是难得的美德，它能驱使一个人在不被吩咐去做什么事之前，就能主动地去做应该做的事。胡巴特对"进取心"做了如下说明："这个世界只愿对一件事情赠予大奖，那就是'进取心'。"

什么是进取心？那就是积极主动去做应该做的事情，这类人距离成功很近；而有的人，只要不是自己的事情，就绝对不会去做，一副事不关己高高挂起的姿态；这样的人只能离成功越来越远。只有你积极主动地承担分外工作，你才能比别人更容易走向成功。

职场之道

职场人士一定要有进取心，要让职场生活丰富多彩，那就需要去承担更多的事情，去体会不一样的精彩。不要总是一副事不关己高高挂起的样子，只有怀着进取心，不断充实自己的业务知识，培养自己的能力，才能有所作为，从而为职场生涯添上亮丽的一笔。

不做见利忘义的小人

见利忘义的小人不会受到人们的欢迎，职场也不例外。在职场，见利忘义的小人并不少见，毕竟，职场本身就是一个利益场。君子爱财，取之有道，对于那些见利忘义的小人，是人们所不齿的。

在职场，见利忘义的小人不会绝迹。我们无法要求别人如何做，但能够要求自己如何做。见利忘义，会受到人们的唾弃，失去人们的信任，损害他的长期利益。为了一时的小利而舍弃长远的利益，绝非明智之举。

从前有一个人，容貌端正，举止大方，且学识渊博。他家有万贯家财，对人和蔼友善，极富社会公德心，时常接济贫困的人，因此，受到人们的赞扬与爱戴。

当时有个愚蠢的人，见到他既有学识，又肯帮衬周济有困难的人，便极力巴结，逢人便说他是我的兄长，待我如亲兄弟，我视他为亲兄长云云。

有人问他："你们从前并没有什么交情，这亲如手足的话从何谈起呢？"

他终于道出心里的真实想法，说："我之所以这样，是因为他有钱，在急需的时候，可以借用，才称他为兄的。"

后来愚蠢的人看见这位兄长欠了别人的债，怕连累到自己，又到处对人讲："这人不是我哥哥。"

人们听了说："你真是个愚人，为何在需要钱的时候，就称他为兄长，到他负债时，又说不是兄长了呢？"

愚人回答说:"我以前想得到他的钱财,才认他为兄长,实际上他并不是我哥哥,如果他欠了债,我就没必要再称其为兄了。"

人们听了他的话,都知道了他是一个见利忘义的无耻之徒,对他都嗤之以鼻。

俗话说"君子爱财,取之有道",何谓"道"?大概每个人都有自己的标准,但有一条是一致的,就是不能出卖灵魂,不能出卖良心。做人不可见利忘义,利是暂时的,义才是长久的。

古老的恒河岸边,有一只九种毛的鹿。它那鲜艳发光的毛和洁白如雪的角,以及善良纯洁的心灵,受到所有同伴的赞叹和羡慕。九色鹿和乌鸦非常要好,它们互相照顾,互相关怀,无忧无虑地嬉戏、游玩,欣赏大自然的优美景色。

一天,九色鹿正在恒河边散步,突然听到一阵急迫凄惨的呼救声:"救命啊,救命啊!"一个人正被汹涌的激浪卷流而下,情况十分危急。看到这种情景,善良的九色鹿不顾自己的危险,纵身跳进河里向落水的人游去。恶浪一个接着一个涌向九色鹿,但是它毫不气馁,终于把落水人救了出来。惊魂未定的落水人名叫调达,他庆幸自己的再生,一面向九色鹿叩头,一面不停地说着感激的话:"尊敬的恩人,感激您再生的恩情,我对着上天起誓,请您允许我做您的奴仆,使您不乏水草,不受伤害。""不,不必了。"九色鹿亲切地说,"可怜的调达,你的情意我心领了。你快回去吧!你的家人正在焦急地等着你呢!"听到这话,调达低着头虔敬地说:"但是,我还是希望您能给我一个报恩的机会!"九色鹿欣慰地笑笑,说:"去吧!亲爱的调达。我喜欢独自生活。我永远不会忘记你对我诚挚的感情。我只期望你不要向任何人透露我的行踪。"调达起誓说:"请您放心。如果我背信弃义,就叫我浑身长满烂疮,嘴里散发出恶臭。"说完,他告别了九色鹿,走上回家的路途。

这个国家的王妃,娇媚动人,但贪婪而又邪恶。一天,她梦到了这只毛色九种、头角雪白美丽的九色鹿。醒来后她心想:"我要用那灿烂耀目的美丽皮毛做我的垫褥,要用那纯白的鹿角做我的拂尘把。我必须得到它!"于是,她对国王说:"亲爱的陛下,我一定要得到那只我在梦中见到的九色鹿。你是一国之主,威震天下,一定可以为我找到那只九色鹿。陛下,我亲爱的丈夫,当我垫着它的皮毛,拿着它的鹿角的时候,你的妻子将是世界上最美丽、最温柔的女人。我求你,答应我吧!"她坐在床上,耍弄着美丽女人的各种娇嗔和痴态。国王心软了:"啊!美丽的夫人,起来吧!我一定把九色鹿献到你的脚下,用它装饰我娇美的王妃。"

于是,国王下令:"若有人抓到九色鹿,或报告鹿的行踪,我将以一半国土封赠。"

人们窃窃私议着:"怎么,国王陛下昏了吗?为一只鹿……","又是那个妖艳的女人,要什么……"调达夹在人们中间,暗自思忖着:"只有我知道它的行踪,终身的富贵就这样从天而降!它虽然是一只好鹿,但毕竟是个畜牲,我得到它,就能获得财富和地位,这同猎人猎取虎豹换取衣食一样,有什么不可以呢?"他入神地想着,似乎满碗的金银,在布告上跳动,闪耀着诱人的光芒。调达卑怯地弯腰向武士咕噜着:"嗯,大人,我知道这只鹿的行踪。"

调达终于没有经受住利益的诱惑,说出了九色鹿的下落。于是,国王率领大批善射能武的勇士随着调达出了宫城,向九色鹿所在的恒河边上行进。

恒河边上,九色鹿还沉睡在甜美的梦中。但是,杂乱而频急的马蹄声扰乱了恒河边上的宁静,乌鸦在枝头惊醒了,高喊着:"快醒醒吧!九色鹿,快醒醒吧!国王来捉你了。"但是九色鹿仍然沉睡在梦中。勇士们一步一步地逼近。九色鹿突然惊醒,它看到勇士们张弓拔弩,引箭待发。在这千钧一发的时刻,九色鹿猛然跳到国王面前,不亢不卑地说:"我已处在你的刀丛剑树之下,但是,一个圣明的国王是不能滥杀无辜的!我对陛下有过恩情,为什么还要让我死在您的刀剑之下呢?"国王奇怪地问道:"我们素不相识,你对我有什么恩情呢?""陛下的一个臣民曾被恶浪所卷，是我救他出险的。还有，您是怎么知道我的行踪的呢？"

国王指着车旁的调达："是他。"

"是他？他正是我不顾生命从水中救出的人哪！他曾发誓决不暴露我的所在呀！他竟是这样一个忘恩负义的小人！他竟然出卖了救他性命的我。"

听了九色鹿的话，大家愤怒而厌恶的目光射向那个昧心背义的调达。突然，调达的身上长满了烂疮，疮里流出肮脏的脓血，嘴里散发着恶臭。从此，人们唾弃他，像避开瘟疫一样地避开他。

国王非常惭愧，最后下令全国："今后任何人都不准伤害九色鹿，让这只善良的动物自由自在地在原野荒林中愉快地生活。违抗命令的人，将被处以极刑。"九色鹿又恢复了自由！

王妃的贪欲落空了，她又羞又恨，最后被活活地气死。

孔子说："不义而富且贵，于我如浮云。"意思是：用不仁义的方法得到的荣华富贵，对我来讲就好像天上的浮云一样。其实财富，不管你得来的"有道"还是"无道"，都如同浮云一般，生不带来，死不带去。如若看得太紧，反而说不定还会被别人算计了去。

孟子说得好："生，亦我所欲也；义，亦我所欲也。二者不可得兼，舍生而取义者也"。义字面前，生都可以不要，何况利呢？如果眼里只有利，势必会被蒙住眼睛，甚至利欲熏心，到那时，可就真的是丢了西瓜捡芝麻了。

◇职◇场◇之◇道◇

见利忘义，尽管得到了眼前的利益，但是牺牲的是长远利益，享受了一时之快，随之而来的是终身的痛楚。董仲舒曾说："天之生人也，使人生义与利，利以养其体，义以养其心，心不得义，不能乐，体不得利，不能安。"所以，君子重义，小人重利，君子爱财，取之有道。每一位身处职场利益旋涡中的人士都应该明白这个道理。

打人不打脸，揭人不揭短

俗话说"打人不打脸，揭人不揭短。"指的就是我们要懂得尊重他人。在职场也是一样，在工作中难免要和同事、上级进行交流，而在这个过程中，要尊重他人，体谅他人，维护他人的自尊心，这就会赢得良好人缘。

明朝开国皇帝朱元璋出身贫寒，年幼时经常和一些伙伴嬉戏玩耍，他们便成了很好的朋友。而当朱元璋当上皇帝之后，儿时的那些朋友都跑到京城来，试图跟朱元璋讨个一官半职，朱元璋对他们的态度却让他们大失所望。这些和朱元璋一起长大的朋友，在见到朱元璋后口无遮拦，不懂得维护一个帝王的形象，由于他们对朱元璋小时候的事都了如指掌，言谈当中透漏出有关朱元璋小时候的事情，尤其是朱元璋小时候做过的一些有损颜面的事情，这让已经成为一国之君的朱元璋感到十分难堪。尤其是有一个人，见到朱元璋后，当着文武百官的面嚷到："朱老四，你当了皇帝可真是威风极了，你还记得我不？我可是从小和你光着屁股长大的。咱们可是一起干过坏事，捅过娄子的啊！"这个时候的朱元璋贵为九五之尊，早已经怒火中烧，念及幼时玩伴的分上已经有所忍让了，但是，这个老乡还是说个没完，盛怒之下的朱元璋便下令将这个老乡斩首了。

尽管朱元璋的这个老乡死得是有些不值得，但他错就错在没有意识到，此时坐在龙椅上的朱元璋，早已不是十几年前那个和他的小伙伴们嬉戏玩耍的朱老四了，现在已贵为一国之君了。自然无法忍受别人当着诸多文武百官的面来揭他的短。如果这个人能够在文武百官面前维护一下朱元璋的自尊，也就不会招来杀身之祸了。

大泽乡起义时，陈胜说："王侯将相宁有种乎？"将相本无种。人与人之间是平等的，没有高低贵贱之分。尊重也是平等的，每个人都有权享有。有些人西装革履，而实际上不过是道貌岸然；有些人衣衫褴褛，而实际上却是腰缠万贯；有些人举止高雅，却蛇蝎心肠；有些人谈吐粗俗，却行侠仗义。所以，时刻都要保持对人的尊重，因为他也许比你想象得更值得尊重。

总部设在纽约曼哈顿的"巨象集团"是美国一家著名企业，坐落在一幢七十多层的大厦里，环绕大厦的是一片郁郁葱葱的花园绿地。一位头发花白的老人正拿着一把大剪刀在给低矮灌木剪着枝条。

一位四十多岁的妇人领着一个十二三岁的小男孩儿走进花园，坐在长椅上。妇人好像很生气的样子，不停地和男孩儿说着什么。

妇人突然从随身挎包里揪出一块纸巾揉成一团，一甩手扔出去，正落在老人刚剪过的灌木上。白花花的一团纸巾在翠绿的灌木上十分显眼。老人看了看妇人，妇人满不在乎地也看着他。老人没有说话，拿起那团纸扔到不远处盛放剪下枝条的一个筐里。

老人拿起剪刀继续剪枝。不料，妇人又将一团纸扔了过去。"妈妈，你要干什么？"男孩奇怪地问妇人，妇人对他摆手示意让他不要做声。

老人过去又将这团纸拿起来扔到筐里，刚拾起剪刀，妇人扔过来的第三团纸又落在了灌木上。

就这样，老人不厌其烦地拾了妇人扔过来的六七团纸，始终没有露出不满和厌烦的神色。

"看到了吧！"妇人指了指老人对男孩儿说："我希望你明白，你现在不好好上学，以后就跟面前的这个老园工一样没出息，只能做这些低贱的下等工作！"

原来男孩学习成绩不好，妈妈生气地在教训他，面前剪枝的老人成了"活教材"。

老人也听到了妇人的话，就放下剪刀走过来："夫人，这是集团的私家花园，好像只有集团员工才能进来。"

"那当然，我是'巨象集团'某某公司的部门经理，就在大厦里工作！"妇人高傲地说，拿出一张证明卡冲老人一晃。

"我能借你的手机用一下吗？"老人突然问。

妇人不情愿地递给老人自己的手机，一边仍不忘借机教导儿子："你瞧这些穷人，都这么大年纪了连只手机也没有。你今后可要长出息哟！"

老人打完一个电话将手机还给妇人。不一会儿，一个人急匆匆走过来，拱手站在老人面前。老人对他说："我现在提议免去这位女士在'巨象集团'的职务！"

"是，我马上按您吩咐的去办！"那人连声应道。

妇人大吃一惊，她认识来的这个人，正是"巨象集团"主管人事的。"你怎么会听这个老园丁的？"她惊诧莫名，拉住他的手问道。

"什么？老园丁？他是集团总裁詹姆斯先生！"

妇人颓然坐到椅子上。她这样级别的一个经理在这个集团里很少有见到总裁的机会。

老人走过来抚了抚那男孩儿的头，意味深长地说："我希望你明白，在这世界上最重要的是要学会尊重每个人。"

每个人都有自尊心，要想得到别人的尊重，首先便要尊重别人。一个不尊重别人的人，是不会得到别人尊重的。俗话说："人敬我一尺，我敬人一丈。"这话听起来似乎很对。但仔细想一下，其言外之意是尊重人的首要条件是你得先尊重我，否则，便难得到我的尊重。彼此尊重是没错的，但过分强调条件似乎给尊重设置了障碍。特别是同事之间、领导班子成员之间，因工作关系难免会出现一些矛盾。一旦出现矛盾，有的人便心存芥蒂，不肯主动向对方伸出和解之手，甚至在背后搬弄是非。这样做会使尊重成为空谈。可见，别人尊重自己时，尊重别人很容易做到；而别人不尊重自己时，也能尊重别人就不容易了。其实，在别人不尊重自己时，也能宽宏大量、尊重对方，则更为可贵。

萨特宁说过:"尊重人的尊严,是一件很干净、很美好的事。"人的尊严是高贵的,是无价的,不允许任何人亵渎和质疑。每个人都有自尊心,职场人士也不例外,职场中人只有学会尊重他人,才能使自己赢得别人的尊重,尊重别人也是尊重自己。

信守承诺,但不要轻易承诺

在职场中,信守承诺,会赢得良好信誉,是一个人的立身之本。纵观那些成功人士,他们无不重视诚信,凡是自己承诺的事情,必会千方百计地做到,绝不会违背承诺。

意大利曾有这样一个非常著名的信守承诺的例子。

公元前4世纪的意大利,有一个叫皮斯阿司的年轻人被暴君奥尼索斯判处绞刑,原因是他触犯了君主。但是,皮斯阿司是一个孝子,多次请求奥尼索斯让他回家与父母双亲诀别,然后再回到牢狱受刑,但暴君担心皮斯阿司逃跑,始终没有同意。

这时,皮斯阿司的一个朋友达蒙面见国君,请求为皮斯阿司担保,表示:如果皮斯阿司逃走或者不能如期服刑,自己愿意代他受刑。这样,暴君才勉强答应了皮斯阿司的要求。

刑期越来越近了,皮斯阿司却一点音信都没有。所有的人都在嘲笑达蒙:竟蠢到用自己的生命来担保友情。达蒙最终被带上了绞刑架,准备替朋友皮斯阿司受刑,人们都静静地看着,马上要行刑的时候,皮斯阿司的身影在远方出现。在暴雨中,他飞奔而来,并大声喊:"我回来了!"

皮斯阿司跑到达蒙面前,热泪盈眶,深情地拥抱达蒙,与达蒙做最后的诀别。这个时候,在刑场所有观众的眼睛都湿润了。就连暴君奥尼索斯都深深地被这一幕感动,特赦了皮斯阿司,并且说:愿意倾其所有来结交这样的朋友。

这个故事告诉我们,诚信是人与人交往的基础,是做人的根本。很多生意人把交际的重点放在技巧和交际手段上，这其实是舍本逐末。一个人诚信不足，纵然技巧高超，也无法长久保持友谊和合作。信守承诺的人，才是最让人放心的合作伙伴。

职场也是一样，任何一个领导都会信任信守承诺的下属，而不是只看工作能力。好的员工，能力不行可以慢慢培养，而那些连自己的承诺都无法坚守的人，即使能力再强也不会得到领导的信任和重用。

信守承诺，兑现承诺，这是优秀的职场人士不可或缺的优点。重视承诺，决然不是随意承诺。尤其是在应酬中轻易承诺很容易造成被动，甚至会起负面作用。所以在承诺别人的时候要掂量一下自己的分量，根据自己的能力答应别人的请求。

拿破仑说过："我从不轻易承诺，因为承诺会变成不可自拔的错误。"朋友托你办事，而这件事在你看来可以办或可以不办，或介乎两者之间，你可应允为其办理，这叫自觉承诺。你也可以说"让我想一想"，这叫不自觉承诺。在人家看来，你也承诺了。

有这样一个故事。在一个十字路口上，一位老人在一棵枝繁叶茂的大树下歇息。突然，一个年轻人飞奔到老人面前，惊慌地哀求老人救他，说有人误以为他，偷了人家的东西，正带领一帮人追他，声言要剁掉他的双手。刚说完，他便纵身爬到那棵大树上躲了起来，并再一次请求老人不要告诉追他的人自己躲在树上。老人看看年轻人，不像小偷，便回答说："让我想一想。"这句话是老人不自觉的承诺，但让年轻人彻底放心了。没过多久，追的人赶到大树下，问老人："你有没有看到到一个年轻人从这里跑过去？"老人有过一个誓言，今生绝不讲假话。于是，他随口回道："见过。"追捕的人又问："他往哪儿跑了？"老人很随意地朝树上指了指。年轻人终于被人从树上拖下来，剁掉了双手。年轻人在被剁手的时候还在一直大骂老人违背了自己的承诺，背叛了他。

人都喜欢和"言出必行"的人交往，很少有人谅解别人失信。我们常常在应酬中听人说，某某明明答应为我办一件事，可是他食言了。仔细想一想那位朋友的话，虽然某某答应过他，但那很可能只是表面应付，或者是这件事根本就不可能办到，恐怕连那位朋友也心知肚明，他所托之事有些强人所难。但是他肯定会责备别人而不责备自己；如不细想，任何人听了，也会觉得某某不对，因为到了这种地步，谁还会顾及当初某某应允朋友时的为难境地呢？有人不禁会问："朋友提出的请求是必须应允的，可是这个请求根本就办不到该怎么办？"

一位日本应酬学家说过一句话："我们在倾听别人表达和请求完毕后，不妨轻轻地摇头，不必强烈地表示出拒绝的态度。"从专家的话中，我们可以明白，可以不必用伤害感情的强烈言辞拒绝朋友的请求，只要轻轻摇一下头，把拒绝的意思含蓄地表达出来就可以了。

这样，朋友就可以理解了。当然，你需要有充分的拒绝理由，朋友会更容易接受。

给别人承诺，固然是好事，别人会认为你是一个值得信赖的人，但如果你承诺了而自己的能力又无法兑现承诺，别人会认为你言而无信。这样必然会让自己的信誉在他人心里消失。所以，为了自己的名声着想，在承诺别人的时候，看看自己能不能办到，做不到的事情就别轻率承诺，别把话说得太满，要给自己留一定的余地。

职场之道

在职场，信守承诺很重要，这是一个人在职场安身立命的根本，但是，千万不要轻易承诺！在自己力所能及的范围内可以承诺，超出自己的能力范围或者自己没有把握的事情，千万不要承诺，不然很有可能失信于人。做人做事千万要记住，话不要说得太满，一定要给自己留有余地。

》》》第八章 职场的做人之道

做事先做人，只有学会了做人，做事才能事半功倍，真正把事做好。职场做人更难，利益交错，很多职场人士都有"人在江湖，身不由己"的感慨。不管职场如何变化，只要本着真诚的心，恪守职业道德，做到问心无愧，一定能够适应职场的风云变化。职场做事，首先从做人开始。

积极适应，勇于奉献

藏獒之所以能够在荒寒的高原上长期存在并优化，一个重要的原因就是它们超强的适应性。

宽阔的头面、巨大的嘴巴和尖利的牙齿是藏獒特有的优势，这让它撕咬猎物时得心应手。它们身上又长又厚的皮毛可以抵挡青藏高原的寒冷，超强的肺活量能够适应严重缺氧的高原环境，坚实的骨骼和发达的肌肉使它奔跑速度优于其他犬种。

人也是一样，只有不断随着环境的变化来调整自己的观念、思想、行动等，才能在不断的竞争中生存下来。

这在职场人士身上表现得尤为明显。随着环境的变化，他们必须不断改变调整自己的观念、兴趣、爱好以及目标等，才能适应环境，从而得到发展。所谓"物竞天择，适者生存"说的就是这个道理。

一个大学毕业生被分配到某企业工会做宣传工作。由于他在大学学的是音乐专业，刚开始上班的时候他非常苦恼，认为自己的专业与工作不对口，在这里长干下去，不但自己的前途会耽误，专业也可能被荒废。于是，他四处活动，希望能够调到一个适合自己发展的环境中去。但多番周折，也未能如愿。无奈，他只能在这个岗位上干了，他发誓一定要改变自己目前英雄无用武之地的状况。

他想到了一个计划，那就是为企业组建乐队，于是他找到了单位工会主席，提出了这个计划。这个企业正处于刚刚走出低谷，扭亏为盈，开始进入高速发展时期，自然也对宣传企业形象非常重视，这样可提高产品知名度，他的计划就得到了批准。他乐此不疲地跑基层、寻人才、买乐器、设舞台、办培训，不到半年的时间，乐团就初具规模。两年以后，这个企业乐团的演奏水平达到了全市一流，堪与专业乐团相媲美，而他自己也成了全市知名度较高的乐队经理。通过两年多的努力，他终于改变了自己所处的环境，化劣势为优势，不但开辟出了自己施展才能的用武之地，而且培养了自己的领导管理才能，从而为他更大的大发展奠定了基础。

适者生存，这句话更适用于职场。只有运用自己的智慧和信心，才会有适应环境的决心，找到适应环境的方法。职场人士在逆境中，只能适应，充满信心地运用自己的智慧，才会改变自己的状况。这对自己今后的发展有重要的意义。一个人在逆境中积极适应，就会走出逆境，而走出逆境的过程就是成长的过程。

责任心比能力更重要

任何一家公司都需要有责任心的员工，一个不能把自己当成公司主人的员工，不会受到公司的重用。没有责任感的人，又怎么能对公司负责呢？这是一个常识。你愿意负责任的事越多，你的能力就越大。一个人的重要性不是根据他的能力来定的，而是根据他的责任心来定的。决定一个人成功的最重要因素不是智商、领导力、沟通技巧、组织能力、控制能力等，而是责任心。

罗伯特在西尔公司当采购员时，犯下了一个很大的错误。

该公司对采购业务有一项非常严格的规定：采购员绝对不能超过自己的采购配额！如果配额用完了，就不能再购新的商品，要等到配额拨下后才能采购。

在某次采购中，有一位日本厂商向罗伯特展示了一款很漂亮的手提包，罗伯特作为采购员，以他的专业眼光来看，这款手提包绝对会成为流行商品。但此时罗伯特的配额已经用完了，他甚至很后悔自己冲动地把所有的配额用光，导致现在无法抓住这个大好机会。

罗伯特面临两种选择：一是放弃这笔交易，尽管这笔交易会为公司带来极高的利润；二是向公司主管承认自己的错误，然后请求追加采购金额。

罗伯特决定采用第二种选择。他一进主管的办公室，就对主管坦承："很抱歉，我犯了个大错。"然后将事情从头到尾解释了一遍。

尽管主管对罗伯特花钱不眨眼的采购方式有很大的意见，但是，他还是被罗伯特的坦诚感动并说服了，拨了需要的款项。

手提包一上市，果然受到消费者热烈欢迎，成为公司的畅销商品。

罗伯特的做法是明智的。犯了错就要有承担责任的心理准备，因为自己做错了，如果因为害怕被责备而不愿意承认自己的错误，那只能失去大好机会。一个勇于承担责任的人，更容易赢得别人的信任和好感。勇担责任还会带来更多的机会，以寻找对策，确保此类错误不会再次发生。勇于负责是一种精神，也是卓越的原动力。一个人承担责任，并时刻保持高度的责任感，可以为你赢得更多的成功机会。

一位王子半夜起来，去看望生病的父亲，他走进父亲的房间，发现一个仆人正紧紧地抱着父亲的拖鞋睡觉，他有些不解。

他试图把那双拖鞋从仆人手里拽出来，但仆人醒来。王子问仆人为什么要抱着父亲的鞋子睡觉，仆人说："我怕主人有事出去我不知道，这样主人会着凉的。"王子被这个仆人的责任心感动了。国王去世后，王子就把那个仆人留下，任命为自己的贴身侍卫。

负责精神是一个人能否做成大事的重要因素。任何一家公司都不需要逃避责任的员工。国内一家大型企业的老板在谈及他心目中的优秀员工时这样说："有责任意识的员工才是优秀的员工，处在某一职位、某一岗位的干部或员工，能自觉地意识到自己所担负的责任。有了自觉的责任意识，才会产生圆满的工作效果。没有责任意识或不能承担责任的员工，不可能成为优秀的员工。"

职场之道

有了责任，才会有压力；有了压力，才会有动力。职场人士，应该全心全意、尽职尽责。不管做什么工作，都要踏踏实实地去做，本着负责的心，才能真正地把工作做好，才能创造出卓越的成绩。有责任心，才能以更高的标准要求自己，才能真正地进步，从而取得更大的成功。

做错了就认错

古语云："人非圣贤，孰能无过？"不管一个人多么有能力，多么聪明，都会犯错。犯错误本身并不可怕，可怕的是有的人在犯错之后，明明知道自己错了，却死不承认，甚至，千方百计地狡辩，最后在不得已的时候才勉强承认自己错了。这样的人，无异于将自己孤立了，自然不受欢迎，更不可能有良好的人际关系。

"知错能改，善莫大焉"，一个人犯错了，不要紧，圣人也犯错，更何况普通人，只要真诚地承认错误，并积极改正错误，一定会得到人们的谅解。职场也是一样，知错能改，在职场被看做一种美德，对人际关系的影响更大。因此，如果不想自己的人际关系糟糕，不想被扫地出门，那么做错了就应该真诚地认错。

有个人因为一点小事跟一位同事大吵了一架，骂得对方当众下不来台。事后，他越想越不对，于是，主动找到那个同事，想私下认个错，希望得到对方的谅解。

那位同事对他说："你愿意认错，说明你很看得起我，不过，多大的脚穿多大的鞋。你当着那么多同事的面骂了我，背地里赔不是，这合适吗？"

那人听了同事的话，于是便在办公室里当着所有同事的面，郑重地向对方赔礼道歉。他知错能改的做法不仅修复了与同事的关系，也赢得了其他同事的尊重和认可。

正视自己的错误需要真诚，更需要勇气。一个人想要赢得别人的尊重，维持良好的职场关系，首先就要坦荡地面对自己的错误，拿出勇气真诚地认错。

普通的员工是这样，领导也不例外。领导主动承认错误，一方面可以培养员工的责任心，另一方面，也会因为主动承认错误的实事求是的态度受到员工的认可和尊重，收获人心，而丝毫不会降低自己的威信，丧失公司高层对自己的信任。

在2003年一次投资者会议上，高盛首席执行官亨利·鲍尔森谈到裁员时说："在我们的几乎每一项业务中，实际是15%到20%的人创造了80%的价值。"

鲍尔森的话引起了绝大部分员工的强烈不满。不久，鲍尔森就向全公司两万多名员工发出语音邮件道歉。

鲍尔森这一行动受到人们的高度赞赏。博雅公关公司首席执事和研究官莱斯莉·盖恩斯·罗斯认为，鲍尔森认错是"力量之举"而非"软弱之兆"，"将有助于提升高盛的外部声誉"。事实证明，确实如此。

一个能够主动承认错误的领导，才能够让别人更信任自己。

因此，不慎犯错的最佳对策便是勇敢承认。一个人对待错误的态度，可以直接反映出他的敬业精神和道德品行，敢于承认错误使人更伟大，而不肯认错的人则迟早要被公司清除出去。

郭旭在一家建筑公司担任工程估价部主任，负责估算各项工程的价款。有一次，一个核算员发现他的估算错了2万元。

老板知道后，便把郭旭找来，指出他算错的地方，请他拿回去更正。谁知郭旭就是不认错，也不愿接受批评，反而大发雷霆，表示核算员没有复核其估算的权力，更没有权力越级报告。

老板见他不认错，本想发作，但想想他平时工作成绩不错，便和蔼地对他说："这次算了，以后注意点。"

没想到的是，不久之后，郭旭的估算再次被核算员查出错误，这次他还是不认错，反而说核算员有意跟他过不去，故意找他的茬儿。

这次老板发火了，气愤地对他说："你现在就另谋高就吧，我不能让一个永远都不认错的人待在公司里。"

在工作中，最大的失败就是明知自己错了却不认错。松下幸之助说："偶尔犯了错误无可厚非，但从对错误的态度中，我们可以看清楚一个人。"为了免不了的责备，何不抢先一步，自己先认错，自己谴责自己总比挨别人的批评要好受得多。

布鲁士·哈威有一次错误地核准了一位请病假的员工全薪。事后他发现这个错误，立即找到那位员工，告诉员工他要纠正这项错误，表示在下次薪水支票中将减去那位员工多领的金额。

这位员工了解情况后，请求分期扣回他多领的薪水。哈威却没有这个权限，只能先获得上级的核准。

哈威知道如果自己这样做，必然会使老板不满，于是决定，先一步承认自己的错误。

哈威告诉老板，自己犯了一个错误，然后他把整个情形说了一遍。

老板说："这应该是人事部门的错误。"

哈威说："不，老板，是我的错误。"

老板看了哈威一眼，又大声地指责："薪水出问题，应该是会计部门的疏忽。"

哈威还是很认真地说："这是我的错误，因为这是我核准的。"

老板依然没有责怪哈威，而是批评起办公室另外两个同事。然而，哈威始终都认为自己才是主要的责任人。

最后，老板点了点头，说："好吧，这是你的错误。现在你把这个问题解决掉吧。"

哈威请求分期扣回那位员工多领的薪水，老板答应了。这件事之后，老板对哈威更加器重了，因为在他看来，哈威是勇于承担错误的有责任心的好员工。

当自己犯了错的时候，不要去想如何为自己辩护，而应主动承认错误，这是聪明举动，更容易获得谅解与支持。当然，在承认错误的同时，更要积极地改正错误，避免再犯，同时也为他人展示了自己处理问题、修正错误的能力。

我们不小心犯了错误的时候，最好的办法是积极、坦率地承认和检讨，并尽可能地对事情进行补救。只有这样，才能把错误的影响降到最低，才能赢得更多人的信任和尊敬。

一位职场人士，不管是处理职场关系，还是处理工作事务，都需要有勇于认错的态度以及敢于承担的行动。为了自己的虚荣心而推卸责任甚至百般辩解的做法是不明智的。殊不知认错未必是输，因为认错不但能表现出诚实，还可以化解冲突，建立良好的人际关系。

自作聪明，反被聪明误

在职场，不乏聪明之人，但也难免会有一些自作聪明的人。你是不是一个自作聪明的人？如果发现自己有自作聪明的毛病，那就及时改正过来，不然很容易就会被自己的"聪明"所误。

有个人去人才市场找工作，在招聘现场转了一圈，下定决心去应聘一家久负盛名的外贸公司的业务员。尽管在他之前已经有200多人报了名，竞争异常激烈，但他还是信心十足地投了简历。他相信自己能脱颖而出，因为他工作经验丰富，专业知识也很扎实，以前的成绩也不错。

果然不出他所料，在近乎苛刻的面试条件下，他以第一名的成绩顺利通过考核。第二名是一个刚从学校毕业的女孩。公司决定把他们两人留下，进入终极考核阶段——试用期。试用期过后，他们两个人中最后只能有一个人留下。

在试用期期间，他暗自把自己与那名女孩做了一番比较之后，信心十足地认为自己一定是胜利者。他了解到，那名女孩只是大专毕业，不管从专业水平来说，还是实践能力来说，都离自己有很长的一段距离。

一个月的时间很快过去了，即使在别人看来结果也已经出来了，他的表现要好于那名女孩，对他来说，他留下几乎已成定局。

但是，在试用期的最后一天，突然有人通知他："总经理叫你下午去财务处领工资，领完工资就可以离开了。"

他很惊讶，忙问："是留下了那名女孩吗？"

"不，她和你一样，总经理也是这样通知她的。"

他听了十分沮丧。来到财务室，他从会计那里领来工资一看，才400元，与之前承诺的800元差了一半。

"这是怎么回事呀？"他心情沉重地问道。

会计摇了摇头，说："我也不知道，这是总经理吩咐的。"

他一听生气了，暗忖："这不是欺人太甚吗？得找经理理论理论！"

然而，他刚迈出两步后又犹豫了："难道这是总经理设的一个局，看我上不上道？再说，有谁愿意招聘一个与单位斤斤计较的人呢？莫非他这是在考验我们？"

想到这儿，他心里一下子释然了。于是，他很潇洒地离开了公司。回家的路上，他都在为自己的聪明感到骄傲，他深信，三天之内，公司一定会打电话，让自己去正式上班。但是，他没能等来公司的电话，等来的却是"那位女孩被录用"的消息。他听说后直奔公司，愤然走进总经理办公室，一定要向总经理讨个说法。

总经理在听了他一番激烈的言辞之后，示意他坐下，然后用缓慢而沉稳的语调说："是的，你在整个试用期内都有出色的表现，但是，让我感到遗憾的是，你缺少维护自身权益的勇气。而那个女孩发现自己的工资被克扣就马上来找我，甚至还要同我打官司。"

总经理说到这儿笑了笑，继续说："她的这种勇气让我很欣赏。你也知道，我们是一家外贸公司，经常要同国外的企业打交道，如果不能维护自身权益，那么要想把工作做好就很难了。试想，一个连自身权益都不敢维护的人，还能指望他为公司挺身而出吗？"

听完总经理的解释，他无言以对，默默地离开了。

从这个故事中可以明白这样一个道理：千万不要总是认为自己很聪明，甚至自以为是地认为别人都不如自己，更不要自作聪明，自以为是地揣测别人的想法与做法。自作聪明不是真聪明,自以为是是真愚蠢。

大多数人都认为自己很聪明,并且希望每个人都看到自己的聪明才智。然而,这个世界上真正聪明的人太少了,而自作聪明的人却随处可见。

很多人都知道孔融。在东汉末年,孔融名气很大,是名门之后,因此他养成了狂傲的性格。事实上,他对军事可以说一窍不通,但是,他偏偏喜欢大发议论,其中不乏自以为是的论调。对于曹操的主张,孔融经常持反对意见。

公元200年,曹操欲与袁绍大战,孔融坚决反对。后来曹操准备发兵讨伐刘表时,孔融又持反对意见。然而事实证明,孔融的意见绝对不高明。

军旅之事这样,日常生活的事情也同样如此。曹操为了节约粮食,颁布了禁酒令。但孔融不识趣地给曹操写了一封信,专讲饮酒的益处。

对曹操来说,孔融很少有建设性意见,偶然出点主意也没有带来什么好处。最后,孔融还是被曹操杀了。

像曹操这样的领导,需要的是能为军国大事出谋划策的人,而对于那些只耍嘴皮子卖弄聪明,不能务实的人,可以说是深恶痛绝。一个政治家,不需要不能为己所用的多余人。但这些多余人反而到处卖弄,其下场就可想而知了。

在职场中,类似孔融这样自作聪明的人也很多,他们喜欢四处卖弄,结果不仅没有好前途,连同事关系也搞不好。自作聪明的人往往爱管闲事,不管是不是自己的事,他都要插手,以显示自己聪明,证明自己能耐。他们指手画脚,给别人带来麻烦,怎么能不让人厌恶呢?

如果你真想表现得比别人聪明,那么你首先就应该有自知之明,没有必要向他人强调自己的聪明,更没必要向众人表现你的聪明。

在职场上,真正聪明人会首先把本职工作做好。他们有自知之明,不会到处显示自己的聪明。这要求人们充分地认识自己,明确自己的能力,面对问题冷静地分析,量力而行,而不是去做那些自作聪明的事。只有认识到自己的长处与短处,有了自知之明,才是真正的聪明人,才能受到别人的欢迎。

听人劝，吃饱饭

有句俗语："听人劝，吃饱饭。"这句话表明了听人劝的重要。不管在生活中也好，在职场也好，听人劝，是十分必要的。有一句诗说得好，"不识庐山真面目，只缘身在此山中。"换一个说法就是"当局者迷，旁观者清"。有人劝，才能了解自己的缺点和劣势，才能一步步改正自己的缺点，从而取得成功。在职场中更是这样，一定听人劝，不能蛮不讲理、自以为是。

一个人不管能力有多强，一旦不听人劝，那必然会走向失败。特别是在职场，多听人劝，是自己走向进步的阶梯，只有不断地在别人的劝告中进步，才能有更大的发展。但偏偏有些人不识好歹，就是不听劝，严重的甚至毁掉了自己的职业生涯。

《三国演义》中的张飞是我们都比较熟悉的人物，张飞作为五虎上将之一，打仗是没得说，但张飞有一个缺点就是不听劝。他嗜酒如命，别人屡劝不听，更严重的是，张飞对待士兵态度非常恶劣，常常在喝醉酒后鞭打士卒。为此，刘备多次告诫、劝慰他："军中醉酒，必祸战事。"同时，对他鞭打士兵的行为也诸多规劝。

但张飞根本就听不进去，甚至不以为然，大饮狂饮，鞭打士卒。最后，他喝酒醉倒在帐中，被自己鞭打过的士卒杀害了。

在张飞临死的当天晚上，两名刺客密谋："若飞当死，则他醉于床上；若不当死，则他不醉。"

张飞是一个逢酒必喝、喝酒必醉的人，岂有不喝醉的道理？结果，被士兵取了首级，投降东吴去了。

如果张飞肯听刘备的劝告，三国的历史恐怕就要改写了。可惜的是，张飞不听劝，不仅无缘继续建功立业，还为自己惹来了杀身之祸。

"金无足赤，人无完人。"每个人都有自己的缺点，一定要懂得听人劝的道理，需要别人指出自己的缺点。每个人做事都有考虑不到的地方，这也需要他人提建议。如果能够多听人劝，就能多避免一些失误，少犯一些错误。

一个人要想做事做到最好，那就要少出错，要考虑周全，必须善于听取别人的意见，不能固守己见，自以为是。纵观芸芸众生，凡不接受别人意见的人都难免失败。历代固执不肯纳谏的帝王，王位没有坐长的。尽管人们都知道虚心听人劝的道理，但并不是每个人都能虚怀若谷，接受别人的意见。正所谓"忠言逆耳""良药苦口"。他们不知道，善于听取别人意见，才能把工作做得出色。为了多出色少出错，那就应该放下自己的架子、面子，虚心地听别人的意见。

唐太宗李世民不仅愿意听人劝，还是个善于纳谏的皇帝。唐太宗时代人才济济绝非偶然，都与此有关，而正是由于他的虚心纳谏，才成就了"贞观盛世"。

魏征本来是李世民的哥哥李建成手下有名的谋士，多次建议李建成除掉李世民，可以说是李世民的大仇人。不过，李世民在玄武门之变后，却没有因为魏征过去与自己做对的而耿耿于怀，见他性格耿直，又富有才干，便任用他为谏议大夫。

魏征不断向李世民提出好的建议，李世民对他也十分佩服，经常将魏征请入居室，询问得失。有一次，唐太宗想去南山打猎，车马都准备好了，最后还是没有去。魏征问他为什么没有去，唐太宗说："我起初是想去打猎，可又怕被你责备，就不敢出去了。"一个皇帝自愿向一个臣子低头，这在历史上绝对是不多见的。

魏征和唐太宗相处17年，一个以直言进谏著称，一个以虚怀纳谏出名,尽管有时争论激烈,互不相让,最后唐太宗也能按治道而纳谏。魏征死后,唐太宗痛哭不已,说:"以铜为镜,可以正衣冠;以古为镜,可以知兴替;以人为镜,可以明得失。朕尝宝此三镜,用防己过。今魏征殂逝,遂亡一镜矣。"唐太宗听人劝,虚心纳谏,开创了大唐的盛世。由此可见,听人劝是多么重要。

作为职场人士,如果想成就一番事业,就一定要懂得听人劝的道理,不能做一头往前乱撞的倔驴。旁观者及时劝慰、提醒,可以让被劝者少受损失、少走弯路、少遇挫折,能听劝的人显然要比不听劝者更加受益。所以,"听人劝,吃饱饭"这个朴实的道理是每一位职场人士都应该明白的。一个人虚心听取别人的意见,接受他人的批评指正,能促使自己更全面地认识事物,获益匪浅。

明确的目标是成功的一半

卡耐基说:"不甘做平庸之人,必须要有明确的目标,才能调动起自己的智慧和精力。"明确的目标像茫茫大海上的一座灯塔,让我们有了方向,给我们指明了成功的道路。明确的目标让我们有了充足的动力和信念坚持走向成功。

30岁的张华感慨地说道:"还是学生的时候,我的理想就是成为一家大公司的领导。如今我已经成功了。"目前,张华是北京一家大型企业集团的内控处处长。在说到自己的从业经历时张华表示,自己也走过很多弯路,但由于有明确的目标,最终实现了自己的理想。

张华1996年开始在东北师范大学就读,他选择了会计电算化专业。在大学期间,他就给自己定下了一个长远的就业目标——到大公司成为领导。大学毕业时,张华看到很多同学都准备考研,他本来也想考研,但他有了一个新认识,从事财会这一行业,学历并不重要,重要的是资历。于是,他放弃了考研的想法,选择自学注册会计师和注册税务师的课程。

在这个明确目标的指引下,张华非常刻苦地学习,每天都是动力十足。大学毕业时,他不仅获得本科证书,还获得了注册会计师和注册税务师的资格证书。有了这两个证书,张华要找到一份满意的工作是非常轻松的事情。

张华最初的工作单位是哈尔滨一家税务师事务所和一家会计师事务所。在工作一段时间后,本来充满热情的张华发现,公司的状况和他的理想相差太远,于是,他在众人不解的目光中放弃了工作,只身来到北京。

到北京后,他先到一家会计师事务所工作,以积累经验。后来他又挂职在一家大型的会计师事务所和一家大型的企业集团。由于业绩突出,2003年,张华被任命为这家集团的内控处处长。

从一名注册会计师到大集团内控处处长,张华仅用了4年。同时,为了实现自己的理想,张华放弃了年薪10万的项目经理的职位,选择了目前年薪7万的岗位。为此,有人表示不理解,张华说:"因为这就是我的理想。"他成功的重要原因是善于总结自己,不断给自己确定明确的目标,只有目标明确了,路才会走得踏实,才会走得长远。

从这个职场案例中可以看出,职场人士,成功的秘诀就是有明确的目标。有了明确的目标才能开拓自己的事业,拥有光明的前途。也许通向目标的路困难重重,但是因为有目标的指引,不管遇到多么大的困难都会最终走向成功的。明确的目标是成功的一半。

明确的目标就是成功的一半,这绝不是空话。职场人士,首先要为自己的职业生涯确定一个目标,一个方向,才能让自己信心十足地去拼搏、去奋斗。当我们把所有的能量聚焦在一个目标上的时候,距离成功还会远吗?所以,马上给自己定一个合理的、明确的目标,用自己辛勤的汗水来实现它,一步步走向事业的成功!

一定要遵守职业信誉

职场做人，信守诺言是重要原则。成功的职场人士，或许以不同的方式获得了成功，但在他们身上我们都能发现一个共同的闪光点，那就是守信、遵约。

有一位老锁匠，技艺高超，收费合理，最重要的一点是为人正直，每修一把锁他都告诉别人他的姓名和地址，说："如果你家被盗，只要是用钥匙打开锁的就来找我。"

老锁匠老了，为了把技艺流传下来，人们帮他物色徒弟，最后从众多年轻人中选出了两个，准备将技艺传给他们。

经过一段时间后，两个年轻人都学会了不少技术，但只能有一个获得老锁匠的真传，老锁匠决定对他们进行一次特别的考试。

老锁匠准备了两个保险柜，分别放在两个房间，让两个徒弟去打开，谁花的时间短谁就是胜者。

结果大徒弟只用了不到10分钟就打开了保险柜，而小徒弟却用了半个小时，众人都以为大徒弟会成为老锁匠的传人。

老锁匠问大徒弟："保险柜里有什么？"大徒弟眼中放出了光亮："师傅，里面有很多钱，全是百元大钞。"问小徒弟同样的问题，二徒弟支吾了半天说："师傅，我没看见里面有什么，您只让我开锁，我就打开了锁。"老锁匠听后非常高兴，郑重宣布小徒弟为他的正式接班人。大徒弟不服气，众人更是迷惑不解。

老锁匠微微一笑说："不管做什么行业都要讲一个'信'字，特别是干我们这一行，要有更高的职业道德。我收徒弟是要把他培养成一个高超的锁匠，他必须做到心中只有锁而无其他，对钱财视而不见。否则，心有私念，稍有贪心，登门入室或打开保险柜取钱易如反掌，最终只能害人害己。修锁的人心上要有一把不能打开的锁。"

　　清代顾炎武赋诗言志："生来一诺比黄金，哪肯风尘负此心。"表达了自己坚守信用的处世态度和品格，这样做人才踏实。做人讲诚信是一种美德，而在职场，信守诺言，重视诚信，则是通往成功之路必备的素质。

　　曾子的妻子到市场上去，他的儿子闹着要跟着去。曾妻子说："你先回去，等回来时，宰只小猪给你吃。"妻子从集市上回来，曾子要捉小猪杀给儿子吃，妻子不让，说："这不过是和小孩儿说着玩的。"曾子说："小孩子不可以和他说着玩儿，他们不懂事，全靠学父母的样子，听父母的言语，现在你欺骗他，不是教他欺骗吗？母亲欺骗儿子，儿子不相信母亲，这不是教养之道。"于是，不顾妻子的反对，杀了小猪给孩子吃。

　　在现实生活中，守信是一个人立身处世之道，是高尚的品质和情操。职场更重视这种品德，这是一个人的职场信誉。任何人都不愿意和没有诚信的人交友，所以，一定要做守信的人。

　　职场信誉，对一个人的职业生涯有着重要作用。职场人士，任何时候都不能用信誉去换利益，用信誉的损失换来的利益相对长远的利益来说是很小的一部分，微不足道。遵守职业信誉，就是维护你的长远利益。

尊重你的竞争对手

尊重"敌人",就是尊重自己。在敌人眼里,我们也是敌人。竞争对手也是一样,只有懂得尊重他人,才会得到他人的尊重。尤其是在职场,同事之间除了竞争关系,还有相互合作的关系,只有和同事相互尊重,精诚合作,才能换来双赢的局面。如彼此互相拆台,只能落得两败俱伤。同事之间重要的是合作,然后才是竞争,彼此是一损俱损,一荣俱荣的关系。

有这样一个故事。

一天,上帝对一个盲人、一个跛子以及两个壮汉说:"你们沿着这条路一起出发,谁先把成功之门打开,想要什么我都满足他。"

两个壮汉看了看盲人和跛子,嘲讽道:"你们也配去打开成功之门,简直是笑话。"

上帝一声令下,比赛开始了。

只见两个壮汉拔腿就跑,其速度之快,犹如风驰电掣。盲人只能一步一个试探地前行。跛子虽然明确前方的目标,却也只能缓慢地向前跑。

经历了无数坎坷磨难之后,盲人和跛子达成了一项协议:两个人取长补短,互帮互助共同到达终点。达成共识后,盲人背起跛子,成了跛子的腿,跛子给盲人指路,成了盲人的眼睛。就这样,他们一步步向成功的大门逼近。虽然壮汉在前面遥遥领先,但盲人和跛子始终坚持着前进的信念。

很快,两个壮汉临近了终点,盲人和跛子看来是没有希望了。

然而，就在这时，一个壮汉突然停了下来，狠狠地将另一个壮汉推倒在地，自己又向前跑。被推倒的壮汉迅速地爬了起来，追上前者，一脚踢在对方的后腿上。终于，两人厮打起来，他们谁都不想让对方先推开成功之门。

就在两个壮汉纠缠在一起的时候，两个影子正向他们的方向移动过来，不，应该是一个影子才对。尽管盲人和跛子最初的速度极慢，合作之后的速度仍然相对缓慢，但他们还是赶上了两个壮汉。两个壮汉因为互相厮打，都没注意周围的变化。他们心中只有一个信念：不让对方前进一步，却忽视了盲人和跛子的到来。

盲人和跛子因为互相帮助，走到了前边。

在成功之门面前，盲人和跛子并没有相互抛弃，而是彼此示意了一下，共同打开了成功之门。当成功之门被开启之时，两个壮汉才悔不当初。

盲人放下了跛子，他们双手交握着流下了喜泪。

上帝微笑着说："恭喜你们，你们成功了。现在，我将满足你们的愿望。"

盲人说："我想看看这世界是怎样的。"于是他看见了光明。

跛子说："我想灵活地跑跳。"于是他扔掉了拐杖。

上帝又问："如果以后，你们再遇到类似的情况将怎样呢？"

他们同时坚定地回答："如果对方摔倒了，我一定会把他拉起来，因为，互相帮助才能使我们走向成功。"

有竞争才能有发展，虽然说竞争对手是在与你争夺利益，但正是因为对手的存在，你才不断进步。因此，即使在竞争中败下阵来，也要尊重对手，感谢他给你提供了一个赶超的目标。在这个世界上，合作是主流，所以做人大度一些，互相支持，总比互相拆台要好。

◇职场之道◇

　　对职场人士来说，同事除了是你的竞争对手之外，还是你的合作伙伴。无论任何时候，都应该给予对手相应的尊重，这样才能迎来对手的尊重。没有一个上司愿意看到一个不团结的队伍，只有团结、合作，才能换来"共赢"的局面。

〉〉〉第九章　职场的进退之道

俗话说："大丈夫能屈能伸"，说的就是为人处世的进退艺术。职场人士，既要有勇往直前的勇气和信心，又要有急流勇退的决绝。明白了进退的艺术，才能趋利避害，在迂回中一步一步走向成功。职场竞争激烈，利益错综复杂，只有看清局势，进退恰宜，才能演绎精彩的职场生涯，为自己的人生增添亮色！

困难前面，勇往直前

海明威 20 岁的时候，立志做一流作家，每天辛苦写作，但所写的稿件全部被退回。随后的 3 年，他写出 1 部长篇、18 部短篇和 30 首诗，但糟糕的是，他的妻子把他的装有全部手稿的手提箱弄丢了。

24 岁时，海明威出版了他的第一部作品，只印了 300 册，在社会上没有产生什么影响。

但海明威没有气馁。虽然每一次的尝试都失败，他仍然没有放弃新的尝试。因为他相信，只要用平常心面对失败，付出总会有回报的。

27 岁那年，他尝试用一种新体裁创作了长篇小说《太阳照常升起》，受到社会各界好评。这以后，他继续尝试不同风格和题材，佳作不断问世：《永别了，武器》成为 20 世纪 20 年代的经典之作，《乞力马扎罗的雪》是这个世纪最成功的短篇小说之一，直到《老人与海》这部世界文学宝库中的珍品问世，他终于实现了 20 岁时的梦想——做世界一流的作家。

1954 年，凭借在文学上的突出贡献，他荣获了作为作家至高无上的荣誉——诺贝尔文学奖。

海明威的经历告诉我们，在人生的不断起伏中，只有不怕失败，才能在不断尝试中找到成功的机会。黑格尔说过："我们决不甘于落后！"人的一生，必然要经历无数的风风雨雨，但在困难面前，只有勇往直前，永远不服输，才能赢得最终的胜利！

阻碍我们成功的往往不是不知道的事，而是一些司空见惯的事情，自身固有的观念、前人的经验、世俗的眼光，这一切都会成为枷锁套住我们的思想，让我们不敢跨出一步。成功、创新首先要有打破一切常规的勇气。成功的人是那些能够在困难面前勇往直前、在工作中有所突破的人，这种人是各个公司都急于网罗的对象。

一家公司，总经理总是对新来的员工强调一件事："谁也不要走进8楼那个没挂门牌的房间。"总经理没有说为什么，也没有员工问为什么，他们只是牢牢地记住了这个规定。

一段时间以后，公司来了一批新员工，总经理又重复了上面的规定。这次有个年轻人小声嘀咕了一句："为什么？"

"不为什么。"总经理满脸严肃地说，依旧没有解释。

回到岗位上，年轻人的脑海中一直思考着总经理这个令人费解的规定。其他人劝他不要多管闲事，遵守规定，干好自己的工作，但年轻人执意要进入那个房间看个究竟。

他轻轻地敲了一下门，没有反应，再轻轻一推，虚掩的门开了，只见屋里有一个纸牌，上面写着："把这个纸牌送给总经理。"

同事们听说年轻人擅闯"禁区"，劝他赶紧把纸牌放回房间，他们会替他保密的。但年轻人拒绝了。他拿着纸牌走进了15楼总经理办公室，把那纸牌交到总经理手中。之后，总经理宣布了一项惊人的决定："从现在起，你被任命为销售部经理。"

"就因为我拿来了这个纸牌吗？"年轻人诧异地问。

"对，等这一刻我已经等了快半年了，相信你能胜任这份工作。"总经理自信地说。

果然，年轻人带领的销售部，业绩不断上升。

年轻人果断地"进"，为自己迎来了机遇。在困难面前，主动出击，果断前进，需要勇气，更需要智慧。年轻人用自己的勇气打开了那扇通向成功的大门，这种执著就是永远不向任何困难低头、压不扁、折不弯、顶得住、吓不倒的力量，让他克服困难，奋勇前进，从而打开了成功大门。

◈职◈场◈之◈道◈

　　职场人士只有在困难面前勇往直前,才能打开成功的大门。困难面前犹豫不决,就会错失机遇。所以,在进退之间要用智慧抉择,在困难面前,勇敢地冲上去,用勇气和信心战胜一切困难,才能推开成功的大门。

当攻则攻，当守则守

人生总有迫不得已的时候，懂得"退"是一门学问。在不能前进时，如果还往前冲，就可能遭遇大麻烦，甚至大危险，那是不智之举。退一步是为了更好地进。这个道理人人皆知，但只有少数人才能做到进退自如。事实证明，不知进退者是失败者。人生有巅峰也有低谷，有顺境也有逆境。职场也是一样，适当地退一步，是为了更好地进。进退之间的智慧，绝对是纵横职场不可或缺的。

晚清重臣曾国藩的一生也是潮起潮落的一生。他从道光年间中进士、点翰林，再到咸丰年间兴办团练、镇压太平军，再到同治年间于天津办教案，一生可谓风风雨雨。曾国藩62年的人生集中体现了潮起潮落的艰难。他一生多病。道光26年（公元1846年），36岁的曾国藩就得过一场肺病。肺病在当时几乎是不治之症，幸运的是他遇到了名医，才死里逃生。最让他难以忍受的是牛皮癣，从道光25年开始得病，几乎终生都伴随着他。虽然他也不断吃药，然而一旦情绪有变化，牛皮癣马上就会复发，身上奇痒难耐，以至于搔得全身出血不止，痛苦万分，用他自己的话说："了无人生之乐"。他还患有耳鸣症，不到50岁，便开始眼睛模糊，斗大的字都看不清。他屡次跟朋友提到自己的身体虚弱，不能苦思久坐，再后来还吐过血，最后大概是死于中风。

作为儿子，曾国藩也没有尽到孝心，先是母亲去世，他回乡守丧，然而不久，太平军在广西起义，曾国藩被迫墨绖从戎，以一个文弱书生受命出征。尔后父亲去世，朝廷仅准假三月，两次丧亲，身为人子的曾国藩都未能尽到孝心。孝在中国传统文化里是天大的事，不能尽孝是人生莫大的遗憾。而在与太平军十来年的战争中，曾国藩四个兄弟都征战沙场，各自统帅一支军队。残酷的战争使得六弟曾国华战死疆场，继而幼弟曾国葆又病死军前，不仅使曾国藩丧失了两员得力的大将，也严重地挫伤了曾国藩的心。祸不单行，同样给曾国藩带来感伤的还有他子女的不幸。

曾国藩共有6个女儿。长女曾纪静，嫁了个典型的纨绔子弟，吃喝嫖赌样样俱全，而且不尊敬岳父，还做了不少贪赃枉法的事。纪静在夫家受尽冷落，仅29岁就死了。二女儿曾纪耀，身世也不幸。不仅是丈夫性格不好，而且自己终生未育，39岁就在法国病逝了。三女儿曾纪琛，丈夫虽然是罗泽南的公子，但也是一个没有本事只知吃喝玩乐的少爷，而且婆婆太厉害，纪琛深感畏惧。更想不到的是，刚出生一个多月的儿子，在南京被炮声惊吓而死，当时曾国藩见了都心伤不已。四女儿曾纪纯的丈夫身体很差，21岁人就死了，留下孤儿寡母家境竟然十分艰难，而纪纯也只活了35岁。而五女儿很小就去世了，这更让曾国藩难受，唯有六女儿曾纪芬过得好一些。自家女儿如此不幸，作为主导她们婚姻的父亲，平添了许多辛酸和打击。曾国藩还有3个儿子，长子曾纪弟，两岁就夭折了。二儿子曾纪泽，后来成为清朝著名的外交家，做过出使英、法、德、俄4国的钦差大臣。三儿子曾纪鸿自学成才，是我国近代著名的数学家，可惜英年早逝，仅活了33岁。

作为湘军统帅，曾国藩征战沙场，而他的正室夫人长年待在湘乡老家，两人无法享受夫妻之乐。曾国藩疾病缠身，身边急需有人料理之际，他唯一纳的一个妾离他而去。这个女子仅伴随了曾国藩一年半的时间，其间还在生病。十年的征战，曾国藩自己还几次有生命危险。一次是刚出师不久时，那时湘军训练不足，曾国藩目睹了湘军在靖港之役中的惨败，伤心之下就要投水自杀，手下的人阻止了他。一次是在湖口之役，曾国藩坐镇指挥湘军水师，不料被人偷袭，座船都被太平军夺去，曾国藩不得已跳进了冰冷的江水中，幸好被部下救起。还有一次就是困守祁门之时，曾国藩料到自己必死无疑，于是立下遗嘱，准备随时自杀。好在当时围困祁门的太平军将领李秀成自行撤退，曾国藩才又躲过了一场劫难。

　　但是历史还是选择了曾国藩，使他从一个普通的农家子弟，成为了近代史上备受人们关注的风云人物。他以并不超绝的资质，平定大乱再造"中兴"伟业，真是有些不可思议。在同辈的士大夫中，曾国藩的资质颇为钝拙，但他志向远大、性格倔强、勤学好问，则非常人能及。他不论遭受多大打击，都不灰心丧气，在人生的低谷，他只有隐忍，隐忍，再隐忍，退一步，再退一步，以退为进，这就是他成功的秘诀。

　　不管是伟人，还是普通人，没有谁一生一帆风顺。从进退之道来说，挫折与困境是人生中必不可少的经历。没有人喜欢挫折，人人都想方设法避免挫折，但挫折是难以避免的。有的人在经历千辛万苦后有了大的成功，但也有的人依然是两手空空。所以，面对人生的潮起潮落，更要懂得适时进退的道理。

职场之道

　　"狭路相逢勇者胜"和"好汉不吃眼前亏"，两种截然不同的人生态度，可以说是进退智慧的结晶。前者为进，在大进之际，击败一切困难和挫折，后者为退，小退一步是为了积蓄力量，跨越障碍。这就是进退的智慧。职场也是一样，在强大的对手面前，能进则进，当退则退，不争一时一地之得失，退一步有时是为了获得更大进步，就像跳远一样，退后几步，是为了跳得更远。

谨慎把握，要待机而动

在职场上待人处世，特别要注意藏锋露拙。藏锋露拙，不是要埋没自己的才能，而是保护自己，不出祸端，期待时机，更好地发挥自己的才能和专长。追求卓越和超凡出众没有错，错就错在发挥才华时无视周围环境，这样就难免招人厌恶，招致排挤和非议。

正所谓："匹夫无罪，怀璧其罪。"职场也是一样，才华就好比珍贵的璧玉。如果才华过于出众，却又不知掩饰，那就像是一个巨富身怀金银而又不慎露白，就难免会引来小人复杂的眼光，甚至招人眼红。

"君子藏器于身，待时而动"，是孔子解释《周易·解卦》卦辞时说的一句话。意思是君子蕴藏着宏大的力量在身上，等待着时机到来而有所行动。孔子认为这时的行动，之所以能够顺利、无阻，是因为环境合适。职场做人也是一样，不要急于表现自己，要耐心等待机遇的到来。

战国末期，韩国贵族韩非著书立说，鼓吹社会变革。很快，他的著作传到各国，韩非的名气也越来越大。当他的著作流传到秦国后，被秦王嬴政看到，甚为欣赏。当他读了《孤愤》《五蠹》之后，发出"嗟乎！寡人得见此人与之游，死不恨矣"的感叹。

而当时，嬴政并不知道这两本书是谁写的，于是，询问了身旁的李斯。李斯无奈回答："韩非。"

嬴政为了实现自己"死不恨矣"的心愿，居然下令攻打韩国，最终把韩非弄到了秦国。秦王见到韩非非常高兴，但是一直没有任用韩非，韩非就处处显露自己的与众不同。

李斯、韩非两人都是荀子门下，但李斯自愧不如韩非。李斯想，若有韩非在自己就会失宠。为了飞黄腾达，他必须铲除这个绊脚石。李斯使用的方法就是"造谣"。李斯的口才很好，而韩非尽管才华横溢，却是个结巴。

当时，韩非来到秦国，便上书劝秦始皇先伐赵缓伐韩。李斯一下子就抓到了把柄，他邀上姚贾一起诋毁道："韩非，韩之诸公子也。今王欲并诸侯，非终为韩不为秦，此人之情也。今王不用，久留而归之，此自遗患也，不如以过法诛之。"

秦始皇居然信以为真，韩非就被交到法官处审问。李斯自然不会放过这个机会，很快就把韩非的罪名坐实，并趁机把他毒死了。韩非一代英才、法家集大成者，却因为不知收敛，就这样被害死了。

宏图未展身先死，纵有满腹经纶又有何用。假如韩非暂时把自己的才华隐藏起来，谦卑抱朴，等待时机，或另待明主，或婉转上奏，自己的政治抱负或可得以施展。到那时他绝对不仅仅是思想家了，甚至有可能成为一代名相，决然不会是一个悲剧人物了。

为人处世应该把持"宁错失不冒进"的原则，绝不可以轻易显露自己，冒失行动，那样是十分危险的。俗话说，"满瓶水不响，半瓶水晃荡。"即使才艺超群，也不应该到处炫耀、卖弄，而应该在必要时施展出来。

"君子藏器于身，待时而动，何不利之有？"当然，"藏器"并不是要藏太深，在这个市场竞争越来越激烈的时代，酒香也要吆喝，不然"藏器"到终老。平日里最好把自己的才能隐藏起来，若要施展自己的才华，一定要把握时机，看清形势才行。

三国时期，自从与曹操"青梅煮酒论英雄"之后，刘备就预感到了危机来临了，行事也愈加谨慎了。虽然他很想尽快离开许都，离开这个是非之地，但表面上却十分悠闲，没有任何急躁之色。

有一天，刘备正与曹操闲坐，军兵来报告说："袁术遣使欲归帝号于袁绍。"刘备在一旁听到这则消息，觉察到这是一个难得的脱身机会。

于是，刘备一脸愤慨地对曹操说："我打算率一彪军马在半路截击他，致袁术于死地。"曹操并没有怀疑刘备的用意，便准许了。

刘备怕曹操中途生变，第二天便亲自奏请献帝，要率兵讨伐袁术，献帝应允。于是，曹操令刘备总督五万兵马出征。

刘备得了诏命，立刻回府，连夜收拾鞍马，挂上将军印，催促关、张起程。关羽、张飞都很奇怪，问："兄长这次出征为什么如此着急？"

刘备严肃地说："身在许都，我就像笼中之鸟，网中之鱼。如今好不容易得到这个出征的机会，就如同鱼入大海，鸟上青霄，笼网又如何能羁绊得了？"

关、张二人如梦初醒，立即率军疾行而去，逃离了许都。

一个人要懂得趋利避害，更要懂得待机而动，尤其是才能出众者。

这就是"君子藏器于身，待时而动"。从进退之道来说，不是每一次行动都有合适的时机，如果暂时没有机会，就要耐心等待。当然这种等待不是消极的，而是积极的，在等待的同时，还在为将来贮藏力量。所谓水到方能渠成，没有了力量的行动，只能是竹篮打水一场空。

职场之道

不管是职场新人，还是职场老手，换了新环境，千万不要急于显露才华，而应该做"藏器于身，待时而动"的潜龙，等适应了工作环境和协调好了人际关系，看清楚形势了，再发挥自己的才能。这就是所谓的"机遇总是青睐有准备的人"。准备是行动的基础，善于"藏"的人，才能把握机遇，才能有所成就。

关键时刻，绝不缩手缩脚

职场进退，如同战场一样，关键时刻，只有大胆为违背常规策略，置之死地而后生，才能取得决定性胜利。"山穷水尽疑无路，柳暗花明又一村。"这句话说得不错，到了山穷水尽之处，犹豫、迟疑是无法解决问题的，只有勇敢地冲上去，才能打开柳暗花明又一村的局面。而这又一村，是需要勇敢的"进"而不是犹豫和"退"。

公元前206年秦国灭亡，中国进入了新的历史阶段。当时西楚霸王项羽和汉王刘邦两个新的集团开始了争夺天下的楚汉战争。在这场历时近五年的战争中，汉大将韩信表现出了"连百万之军，战必胜，攻必取"的卓越才能，在军事史上堪称奇观，井陉之战则是他辉煌战例中的精粹。

公元前204年十月，韩信率一万余新召募的汉军与集中二十万兵力的赵王歇和赵军统帅成安君陈余在太行山区的井陉口展开决战。井陉口是太行山八大隘口之一，在它以西，有一条长约百里的狭窄驿道，易守难攻，不利于大部队行动。当时，赵军扼守住井陉口，居高临下，以逸待劳，且兵力雄厚，优势明显。韩信只有万余众，还有很多新募士兵，又经过了疲劳的行军，处于劣势。

但是，当汉军接近井陉口时，韩信连骑哨都不派，却让主力全部到河边背水列阵，营垒上的赵军远远见汉军背水列阵，无路可退，都嘲笑韩信不懂兵法。开战伊始，汉军因临河而战已无路可退，人人奋勇，个个争先。双方厮杀半日，赵军一直没有争得主动。这时赵军营垒已空，韩信预先伏下的两千轻骑直驱而入，在赵军营垒遍插汉军红旗。激战中赵军突然发现背后营垒插满汉旗，队形大乱。韩信挥军反扑，将二十万赵军打败，斩赵军统帅陈余，生擒赵王歇。

在这场战争中，韩信以劣势兵力，背水列阵，灵活用兵，一举击破了为数众多的赵国大军，在中国军事史上谱写了精彩篇章。

在战场上如果每个人都抱有誓死的信念和必胜的决心，就将是一支战无不胜、攻无不克的军队。同样，在人生的战场上，特别是在职场上，处于劣势时，只有孤注一掷用破釜沉舟的勇气争取成功。

一位伐木的工人，不幸被伐下的树砸在大腿上，疼痛马上传遍他的全身，血流不止，看着汩汩流淌的鲜血，他非常恐慌。因为他是单独伐木，周围无法寻求救助，他自己也没带任何可以紧急救助的医疗器具，他明白，若是不移走压在大腿上的大树，任凭血流下去，迟早会失血过多而丧命。

他不断地想方法，想尽快找到解决的办法，他也尝试用电锯将压在腿上的树锯断移走，但是身体被压住了，无法达到目的。

怎么办？时间一点一点地过去，多延长一分钟就多一分钟的生命危险。情急之中，他果断地用电锯将自己的大腿锯断。结果如何？大腿虽然丢掉了，但是性命保住了。

可以说，这位伐木工人的决策非常果断，如果迟疑不决，一心只想等他人来救，或是总想锯下自己的大腿那是多么痛苦一件事……那么，其后果将很难想象。他将自己的大腿锯下是破釜沉舟的勇气。这虽然是无奈的选择，却是最有勇气最果断的选择，正所谓："当机立断，不受其乱。"

池田大作在《人生寄语》中说："要有战胜自己的勇气。人类对自己总是姑息软弱，尽管平时一再说要坚强，要坚强，可一面对自己，就连所说的一半也实行不了。一切功劳归于自己，一切错误归于别人，这丑恶的一面是每个人都具备的。要战胜如此软弱、丑恶的自己，必须拿出最大的勇气。"

职场人士与人相处，进进退退是再正常不过的了。但什么时候进，什么时候退却是有学问的。进得多了,显得霸道;退得多了,显得懦弱。一进一退之间,便是做人的艺术,就是大问题要坚持,小问题要退让。这样,才能豁达勇敢地做人,不卑不亢地做事。

职场之道

在职场中,很多人在关键时刻办事犹豫不决,错过了成功的大好时机,最终一事无成。而懂得进退策略的人不会在关键时刻犹豫不决,他们不管做什么事情都有破釜沉舟的勇气,都有"不入虎穴,焉得虎子"的冒险精神,这就是"进"的勇气。

学会忍让与谦让，广结善缘

《孙子兵法·火攻篇》中说："主不可以怒而兴师，将不可以愠而致战。于利而动，不合于利而止。怒可以复喜，愠可以复悦，亡国不可以复存，死者不可以复生，故明君慎之，良将警之，此全国全军之道也。"意思是说，一国之君不能因为一时怒起就发兵打仗，将帅也不可因一时怒而出阵交战。如果认为利国利军，就做；否则，就停止不做。怒、愠是暂时感情冲动，时过境迁，可转怒为喜，转愠为悦，但国家灭亡之后就不会复存，死了就不会复活。所以，明智的君王对于战争问题要慎重处理，贤良的统帅对战争问题要保持警惕，因为这是关系到国家和军队生死存亡的大事。

同样，职场人士在与同事相处时，也要记住这段话，顾全大局，以忍为安。古人讲究"勤""忍"。认为这两方面是做大事、成大业最根本的要求。事实也如此，一勤、一忍，能够使一个人一步步走向成功。凡事让人三分，对自己来说未尝不是为今后的工作做好一个铺垫。

"以退为进"是一门实实在在的领导艺术与工作策略，领导者既要有宽广的胸怀，又应通过灵活多变的"退"来达到"进"的目的。孔子说："小不忍则乱大谋。"所谓"得忍则忍，得戒则戒；不忍不戒，小事成大"。懂得容忍的人，是明智的。

古时候，在长州有个大户，叫尤翁。他开了一家大当铺。这一年近年关，各家各户都忙着准备过年，尤翁家的当铺也高高的悬起了红灯笼。有一天，尤翁正在屋内休息，突然听到当铺外面传来争吵的声音，他就走出去看。原来是一位邻居和伙计吵闹，尤翁就问伙计是怎么回事，伙计说："这人将衣服当了钱，现在却空手来取衣服，小人与他讲道理，他反而骂人，天下哪有这样的道理呢？"

尤翁看到邻居气势汹汹的样子，就把他拉到一旁，和声细语地对他说："老兄，我明白你的意思，不就是为了过年吗？这点小事，何必搞得这么紧张呢？"说完，就让伙计去屋里找出那人当的几件衣服，指着其中一件棉衣对他说："这是冬天御寒不可缺少的。你拿回去穿吧。"接着又指着一件长袍说："这是过年的时候，走亲戚时穿的，你也拿回去吧。至于其他几件不急用的，可不可以先放在我这里呢？"

那邻居也不推辞，更不言谢，拿了两件衣服，就默默走了。那天夜里，他竟然死在了另一户人家，而他的亲属跟这户人家打了一年多的官司，这事才得以了结。后来人们才知道，这人因为欠了很多债，无力偿还，于是就事先服了毒，如果人家不给他钱，他就赖在那里，直到毒发身亡，让对方吃官司。他首先想到的就是尤翁，由于尤翁的忍让，他的目的没有达成。于是，他才到了别人家。

有人问尤翁："您是怎么预先知道的呢？"尤翁回答说："我怎么会事先知道呢？不过，就我的经验来看，凡是无理取闹的人一定有所倚仗，如果不容忍一下就要遭到祸害了。"大家听后，都很佩服尤翁的见识。在生活中，适当容忍别人，是给自己留更宽阔的路。如果事事都斤斤计较，小事也能变成大事。

齐国大夫夷射，一天晚上侍候齐王喝酒，感到有些醉，就悄悄端着酒到走廊去休息。看门的人说："您把剩下的酒赐给我喝吧！"夷射见他只有一只脚，知道他是受过刑的人。不仅没有给他，反而怒声斥责道："你这样犯过罪的下贱刑徒，也敢向大夫要酒喝！"看门的人羞愧地退了下去。等到夷射走了之后，他又回到原地，在走廊的柱子边浇了一些水，弄成是像有人在此小便的样子。第二天，齐王看见后非常气愤，问道："是谁竟敢在这里小便！"看门人回答说："我不知道，不过昨天晚上，大夫夷射在这里站过。"就这样，因为一件小事，夷射稀里胡涂地就被处死了。夷射在酒足之后，看门的人只是向他求点残羹剩菜，他不仅不给，反而痛责人家。他的死虽然是看门人的小人行径，但夷射不能容忍他人，却是最根本的原因。

孔子弟子子羔在卫国做过最高司法长官。有一次，他依法砍一个犯人的脚。不久后，卫国动乱了，子羔弃官逃走。他到了城门，发现正好是那个被砍脚的人守门。那人对子羔说："那里有个残破矮墙，你翻墙逃吧。"子羔说："君子不翻墙。"那人说："那里有个地道。"子羔说："君子不钻洞。"那人又说："这里有个密室"，子羔这才进去，随后追捕他的人找不到他，也就撤走了。后来，子羔对那人说："我当初不能违法，砍了你的脚，现在我落难了，正是你报仇的好机会，而你却三次救我，这是为什么呢？"那人说："我被判断足之刑，是自己罪有应得，不能归罪他人。但你在宣判我的时候，脸上流露出来的忧郁表情，令我非常感动。我心里明白，你不是出于私心判我的罪，这就是我保护你，尊敬你的原因。"孔子听后说道："好啊！作为一个官吏，用法一视同仁，宽容就树立德行，残暴就增加仇敌，能这样做的人，大概就是子羔吧。"

子羔身处危难之时，所遇到的守门人正是被自己"刖足"的刑犯。按推理当是守门人报复的机会。而这位守门人并没有报复子羔，反而为他提供三种逃亡方案，加以庇护。这就是平时待人容忍的好处，所以说为人之道容忍为上。

从进退之道来说：人生在世，当然是喜欢自己，尊敬自己的人越多越好。而不喜欢自己的人，甚至是怨恨自己的人，要越少越好。与人方便与己方便，与人为善于己为善，所谓"忍一时风平浪静，退一步海阔天空"。理解并容忍他人，就是避免得罪小人而保全自己的最好方法，也是以退为进的博弈策略。

职场之道

在职场只有懂得忍让与谦让，必要的时候"退"一步，才能赢得别人的尊重和支持，而这一"退"为更好地"进"奠定了坚实的基础。这就是职场博弈的进退智慧。职场人士与同事相处时，要懂得顾全大局，以忍为安。孔子说："小不忍则乱大谋。"一勤、一忍，能够使人一步步走向成功。

进退之道，明退暗进

进退之道，要懂得何时进何时退，才能把握主动权。职场做人更要懂得进退，就像古人所说的那样"大丈夫能屈能伸"。很多时候，恰当的让步，能够掌握主动权，达到最终的目的，取得全局胜利。

世界上很多事不能一步到位。不管在什么情况下，明智的人都懂得欲速则不达的道理，以退为进也不失为一种成功的策略。

汉朝初期，刘邦听说樊哙有谋反之心，非常生气。于是，刘邦就派陈平去传达命令，让周勃代樊哙指挥军队，在抓住樊哙之后，立即按军法处置。

陈平、周勃奉命出发。路上，陈平对周勃说："樊哙是主上的故交，而且是吕后的弟弟，平楚之功，他也最大，肯定是主上听了什么人的谗言，这才突然有这样的打算。一旦主上气消了，或者后悔了，吕后必从旁搬弄，这样肯定就会把罪责算在你我身上。依我之见，不如拿住樊哙，绑赴朝廷，或杀或免，听凭皇上处置。"周勃也认为这是个好主意，于是说："我乃一介武夫，你是智谋之士，连张良对你都很佩服。你说怎么办就怎么办吧。"

到了樊哙的军营，陈平马上命人筑起一座高台，用来传旨，另派人去叫樊哙。樊哙听说只有陈平一个人前来，知道他是文官，以为只是一般的命令，也没有多想，立即一个人骑马赶来接诏。

不料，台后忽然跑出武将周勃，当即把樊哙拿下，钉入囚车。樊哙正要喧闹，陈平忙走至樊哙身边耳语几句，樊哙方无言，任由陈平押返京师。走到半路，陈平接到了刘邦病故的消息。于是，赶忙策马赶往长安，路上遇到使者传诏，让他屯戍荥阳。

于是，陈平又生一计，跑入宫中，跌跌撞撞地跪倒在汉高祖的灵前，伏在灵前且哭且拜，放声大哭："臣知樊侯本有大功，不敢加刑，仅将樊侯押解来都，听候主上亲裁。"说着几乎晕了过去。吕后听说樊哙没死，松了一口气，便嘉奖陈平说："忠诚如君，举世罕有，现在嗣主年少，处处需人指导，先帝临终，曾言君才可用，敢烦君为郎中令，傅相嗣主，使我释忧。"于是，重用陈平辅助新皇。陈平也避免了一场大灾害，保全了自己。

从陈平的故事我们可以看出，为人处世应有多方案、多选择，才能够在变化万千中立于不败之地。恰当地以退为进，做出一些让步，才能掌握主动，掌控全局。

朱元璋羽翼未丰时，势力最强的是陈友谅。陈友谅集结水军，从江州直指朱元璋的应天，船舷千里，旌旗蔽空，声势浩大。

朱元璋听说后忐忑不安，手下有人主降，有人主张逃跑，只有刘伯温怒目而视，一言不发。朱元璋见刘伯温这样，问他："猛虎已出，如今奈何？"刘基气愤地说："凡主张投降和逃跑的都应该斩首！陈友谅若是一只猛虎，在山中你自然不能跟他斗，但现在他下山了，我们就应乘机猛打……"朱元璋问："话虽如此，但该怎么打？你说说。"

"骄兵必败。陈友谅如此轻视我们，我们就要先放弃几个地方，移走兵饷，以退为进，然后派人诈降，引诱陈友谅，我们中途设下伏兵，派人断其后路，叫其首尾难顾。哪有不胜的道理？"

刘基接着说："取胜后，我们乘胜追击，占领他的地方。帝王之业，在此一举，天赐良机，岂可错过？"

朱元璋顿觉精神一振，于是按刘伯温所说，派遣兵力。

果然，陈友谅中计战败，丢弃数千战舰，逃回西北。朱元璋在对陈友谅的战争中取得了决定性的胜利，顺利地拔掉了通往皇权路上的一枚"钉子"。

　　由此可见，先退一步会迷惑对方，然后突然反击，往往一招制胜。退不是怯懦，是为了进，为了积蓄力量，取得更大的胜利。职场也是这样，为人处世，不要盲目进，必要的时候退一步，才能看清大局，才能有利于自己更长远地发展。

◆职场之道◆

　　"以退为进""明退暗进"是进退的智慧，在职场的为人处世中，这样的策略屡见不鲜，目的就是为自己留下喘息的机会，然后伺机而动，一招制胜。一时的退让，只是为了更长远的利益，退一步，才能看清大局，把握局势，从而取得决定性的胜利。

进退有道，当进方进

在职场，进退的抉择，往往决定了一场你争我夺的"战斗"的胜负。特别是在对手尚在犹豫之际果断出手，更易达到目的。这在兵法上叫做出其不意，出奇制胜。

在面对强大的对手猛烈攻击的情况下，大多数人都会采取常规的以守为攻的战术，争取主动，或者是被动防守，或者按部就班地战斗，这样即使取得胜利也会付出沉重的代价。出其不意、攻其不备，会获得以弱胜强的效果。出其不意目的就是要占据进攻的时机，从而也占据胜利的先机。这一点，我们可以从战场上体会到。

公元 1113 年，乌古乃的孙子完颜阿骨打做了部族酋长，他就是后来的金王朝的创立者。阿骨打多次参与对女真各部的战争，战功赫赫，继任联盟长。为了摆脱辽国的奴役，他领导女真人修建城堡，训练兵马，并且联合女真其他部落，发动了抗辽斗争。

1114 年，他带领 2500 人攻打辽国，就是采取了出其不意的进攻，打得辽军溃败，并且攻下了宁江州(今吉林省扶余县东南)。辽天祚帝听臣子上报说宁江州沦陷仅仅是因为 2500 人，勃然大怒，于是派 10 万大军进攻阿骨打。

面对多于自己数十倍的敌人，阿骨打竟然带领算上俘虏在内的 3700 人进行战斗。双方在出河店打起了遭遇战。正当战斗的激烈的时候，突然狂风大作，尘沙弥漫。阿骨打利用这个机会，率众冲了上去，而辽军不明敌情，没等交战，纷纷丢盔弃甲，仓皇逃窜。阿骨打带领的 3000 多人却越战越勇，辽军很快乱了阵脚，仓皇逃跑中误伤无数。这样一场实力悬殊的战役，阿骨打竟然取得了出人意料的胜利。

强大的对手让人望而生畏，但是，强大的对手也很可能是外强中干，尽管看似强弱悬殊，但只要将自己的力量集中在一点，出其不意，往往能够扭转局面，取得胜利。职场也是这样，面对比自己能力强的对手，要想取胜，就需要根据实际情况，攻其不备，才能取得良好的效果。

宋太祖赵匡胤用13年消灭了南方五国，接着就出兵进攻北汉都城太原。北汉面对强敌只好向辽国求援，这样，强弱就发生了变化，宋军成了弱势的一方，果然吃了败仗。没过多长时间，宋太祖赵匡胤病死，他的弟弟赵匡义继承皇位，这就是宋太宗。

宋太宗决心继续完成统一北方的大业，于是，公元979年，他亲自率领四路大军围攻北汉都城太原。辽军又来援助北汉。宋太宗派一支奇兵截断援兵要道。太原城在重重包围之下，粮草断绝，援兵无法抵达，无奈只好投降。投降的刘继元手下有一名老将杨业，一起归附了宋朝。宋太宗非常器重他，任命他做大将，守卫边关。

公元980年3月，辽发兵10万，直扑雁门关。杨业深知雁门关丢失就等于打开了宋国的北大门，于是，他说："敌人10万大军，而我们才几千人马，强弱悬殊，硬拼肯定是不行的，只能计谋取胜。"

当晚，杨业带领几百名骑兵，抄小路绕到敌人后方。辽兵南下，一路顺利，非常得意。但没想到后面一片喊杀声，烟尘滚滚，一支骑兵从背后杀来。辽兵没有防备，不知敌人多少，个个心惊胆战，乱了阵脚，纷纷丢盔弃甲。杨业趁胜追击，辽兵仓皇逃命。杨业出其不意，取得了一次重大胜利。

出其不意、出奇制胜就可以变被动为主动，从被动防御，到主动出击。这样，就能够集中力量，打击对手，从而扭转战局。职场处事也是这样，"狭路相逢勇者胜"。出其不意，才能够出奇制胜。

职场之道

职场人士为人处世，如果被动防御只能坐以待毙，被动挨打，与其这样，不如出其不意，攻其不备，才能扭转不利局面，取得胜利。

进退之中，有舍有得

进退之中，难免有所割舍，有所眷顾，在关键时刻要懂得舍，有所舍才能有所得。职场也是这样，只有必要地舍弃，才能获得更多。舍是一种人生境界，是每个人都会遇到的人生选择。舍得舍得，以"舍"为"得"，先舍而后得。

在一辆飞行的列车上，一位老人不小心把自己刚买的鞋掉到窗外，周围的旅客为老者感到惋惜，老者却毫不犹豫地将自己的另一只鞋子也扔出窗外。周围的旅客诧异地看着老者，老者从容一笑，解释说："不管剩下的这只鞋多么新，多么珍贵，对我已经没有任何价值了，如果我把它扔出去，有可能让拾到鞋子的人得到一双新鞋，这样或许他还能穿。"

老人丢了一只鞋后，竟然毫不犹豫地将另一只也扔出去，如果第一只鞋是因为意外，那么第二只鞋就是刻意为之，老者舍弃了一只没有用的鞋，或许能让拾者得到一双就依然有利用价值。老人从容达观的人生态度，会给别人带来快乐，也使自己心情舒畅。老人这种舍得的境界令人感到敬佩，也值得人们深思。

有一个人买船过江，船上满载了他辛苦大半辈子得来的财富，但是，船到江心，遭遇意外，要沉了，怎么办？两种选择，一是和自己的财富一起沉入江底，二是把金银财宝抛到江里，自己活下来。这就是舍得，只有舍弃一些，才能得到相应的补偿。

很多时候，放弃也是智慧，是获得，放弃更是深层面的进取。不管是做事，还是做人，很多人之所以举步维艰，就是因为背负了太多的东西，舍不得丢弃。就像诗人泰戈尔说的那样："当鸟翼系上黄金时，就飞不远了。"人生只有在必要的时候学会放弃，才能卸下种种包袱，轻装面对，迎接生活的转机。懂得适时放弃，才能充实、坦然和轻松。

很多人都会遇到左右为难的情况。比如两份同具诱惑力的工作，得到了其中一个，必然会失去另一个。但如难以取舍，患得患失，到头来可能一无所得。

近塞上之人有善术者，马无故亡而入胡，人皆吊之。其父曰："此何遽不为福乎？"居数月，其马将胡骏马而归，人皆贺之。其父曰："此何遽不为祸乎？"家富良马，其子好骑，堕而折其髀，人皆吊之。其父曰："此何遽不为福乎？"居一年，胡人打入塞，丁壮者引弦而战。近塞之人，死者十九。此独以跛之故，父子相保。

这则塞翁失马的故事我们都知道，说的就是得失相依。在生活中，我们在获得很多东西的同时，也在失去一些重要的东西。没人可以只得到而没有失，就像没有播种却收获丰富的果实，那不是真实的人生。人生的意义也就在于取舍恰当。这样人生才是真实的。

美国著名作家杰克·伦敦写过这样一个故事：两个在荆棘丛生的沼泽地里跋涉逃命的猎人，背着沉重的黄金和猎枪，但枪里没有子弹。两个人艰难地渡过了一条河，之后两个人分开了。其中一个人叫比尔，舍不得丢弃自己的黄金和猎枪，结果成了狼的美餐；而另一个人，果断地丢弃了黄金和猎枪，与追上来的病狼斗智斗勇。最后，战胜了狼，活了下来。

故事中，第二个人舍弃了诱人的黄金和心爱的猎枪，却保全了自己的生命。这就是舍弃的智慧，只有舍弃才能获得。一味地抱残守缺，必然会什么也得不到。

真正的智者能够做到"舍"，有"舍"才能更好地"得"。只有懂得放弃的人，才会拥有快乐；而不懂得放弃的人，只能在烦恼和痛苦中苦苦寻觅。放弃的当下也许是痛苦的，但正确的放弃会让得到之后的你感到放弃的可贵。

很多时候,我们总是在抓着自己的东西不放,这样必然就会成为我们接受他人东西的障碍。不放弃未必是一件好事,对于高层次的人来说,很多时候,舍弃就是一种获得,舍弃是为了更多的得到。有所失才会有所得,说的就是这样道理。只有做到有舍才能有得。舍迷入悟、舍小获大、舍妄归真、舍虚有实,佛家说的"放下屠刀,立地成佛"就是这个道理。

以舍而得,妙用无穷。我们若能把烦恼、悲伤、无明、妄想都舍了,自然就会得到人生的另一番新境界。舍弃不代表放弃,只是为了将来更多的获得。正确理解舍得,对我们认识人生是大有裨益的。如果一味地盲目追求"得",最终可能会得不偿失。

职场也是一样,只有懂得"舍",才会有所得。在《卧虎藏龙》里,有一句经典的话:当你紧握双手,里面什么也没有;当你打开双手,世界就在你手中。在职场的进退之中,面对抉择,懂得舍弃,这比获得更具有价值和意义。鱼和熊掌很少能兼得,每一次放弃都是为了下一次得到更多的回报。

第十章 职场的非常之道

职场之道，无所不用其极。我们在找到安身立命之所后，则需要成功。而成功需要意志、心态等重要因素，职场的成功更离不开为人处世的智慧，只有在不断努力的同时，做好职场的人事，才能为成功打下坚实的基础。

第十章　現物的生活之道

保持好心态，才有好业绩

人们都说心态决定成败，在职场中更是如此。好的心态是你成功的助力，而不好的心态则会阻碍你成功。那么，什么样的心态才算好心态呢？在职场中，好的心态主要表现为热情、勤奋、忍耐、执著、积极以及勇气。如果你具备了这些品德，就能由平凡到卓越，由怯懦到勇敢，由脆弱到坚忍。保持好的心态是职场成功的重要条件。

态度是一个人对待事物的一种驱动力，良好的心态是成功的保障，不好的心态则是成功的障碍。职场是一座严酷的熔炉，只有真金才能够经得起考验。困境中逆流而上，保持良好的心态，才能最终胜利。

莎莉·拉菲尔，在美国可以说是无人不晓，她在30年的职业生涯中，先后被辞退8次，不过良好的心态让她从来没有被这些挫折打倒。每次被辞退，她都视之为向更高职位进阶的机会，从而确立更高目标。

莎莉最初就业的年代，几乎美国所有的电台都认为女性不能很好地吸引观众，没有一家电台愿意冒险雇用她。不过凭借坚忍不拔的毅力，最后她在纽约的一家电台谋到了一个职位，可是没有多长时间就被辞退了，原因是她的思想跟不上时代的潮流。莎莉没有想到，自己刚工作就落伍了，但是她很庆幸，因为这家电台让她知道了下一步应该再学些什么。想到这里，她笑了。

之后她向国家广播电台推销她的节目构想，电台勉强答应了，但是要求她在政治电台先主持节目。"我对政治了解不多，恐怕很难成功。"她犹豫了，可是不服输的精神渐渐占了上风。她利用自己长期在电台工作的优势和平易近人的作风，坦诚地谈起即将到来的 7 月 4 日国庆节对她自己的意义，她还邀请观众打电话来畅谈感受。观众对这个节目非常感兴趣，他们感觉自己不只是听众，还是参与者。莎莉也因此一举成名。

如今，莎莉已经是著名自办电视节目主持人，两度获得重要主持人奖。在介绍自己成功的经验时，莎莉说："我先后被辞退了 8 次，本来可能被这些厄运吓退，做不成我想做的事情。结果相反，我让它们鞭策我永远向前。"这就是莎莉，一个永远乐观的女人，她知道凡事换个角度想，笑到最后才是真正的成功者。

我们现在做的事情不一定是想做的事情，但不管做什么事情，只有保持良好的心态才能做好，只有做好，才能为你的成功打下坚实的基础。巴尔扎克说过："苦难对于天才是一块垫脚石，但对于弱者是万丈深渊。只有辩证地看待逆境，才能正确地面对它，通过不懈努力，最终取得成功。"一个人，不管做什么，只要保持良好的心态，他就能从容地度过人生最艰难的时刻，成为真正的成功者。

有一位秀才赴京赶考，中途在一家旅店住宿。考试前两天的晚上他做了 3 个梦：第一个梦是自己在墙上种白菜；第二个梦是下雨天他戴了斗笠还打着伞；第三个梦是和心上人脱光了衣服躺在一起背靠背。

这三个梦到底说明了什么呢？秀才摸不着头脑。第二天他便去找算命先生解梦。算命先生听完他诉说三个梦后一拍大腿："我看你还是打道回府吧，没有什么希望了。你想，高墙上种白菜不就是白种吗？戴了斗笠还打着伞不是多此一举吗？和心上人脱光了衣服却背靠背不是没戏吗？"

秀才一听，心一下掉进了冰窟窿，回旅店后便收拾包袱准备回家。店老板感到奇怪，问他还没考怎么就要回去。秀才如此这般地把算命先生的解梦说了一遍。店老板听了乐了："在我看来，这次你一定要留下来，因为你有很大的希望。你想：高墙上种白菜不是高中（种）吗？戴斗笠还打伞不是有备无患吗？你和心上人背靠背躺在一起不是说明你翻身的机会就要来了吗？"秀才一听，觉得挺有道理，于是一改心灰意冷的心态，精神饱满地参加了考试，结果中了个探花。

由此可见，不好的心态是走向成功的障碍，良好的心态是走向成功的助力。王国维先生说："以我观物，故物皆着我之色彩。"良好的心态能够让我们自信地面对一切；而不好的心态，只能让我们看到问题的负面，从而意志消沉，成为失败者。

职场更是这样，任何一个职场人士的职场生涯不可能一帆风顺，而在职场中，保持良好的心态，积极乐观地面对职场的林林总总，才能走自立自强之路，为自己打开成功的大门。

生活需要好心态，职场同样需要好心态。好的心态，是职场人士成功的阶梯，是职场压力的调节剂，是职场成功大门的钥匙。拥有好心态，才能让工作更有趣，积极的工作中，用自己的勇气和执著去战胜困难，走向职业生涯的顶峰！有了好心态，我们就能由平凡变卓越，由怯懦变勇敢，由脆弱变坚忍，打开成功的大门。

倾注热情，成就事业

在众多的成功人士的身上，可以看到他们对生活对事业都充满了热情，就如同富有魅力的演员热爱舞台和观众，极具领导风范的企业家热爱他的企业和员工……热情是他们成功的动力，如果没有了热情，那他们的事业也就成了镜中花，水中月。可见，热情在某种意义上说是成功的必要条件。

在美国标准石油公司曾有一位推销员叫阿基勃特。作为推销石油的业务员，他无时无刻不在推销产品，即使他在出差住旅馆的时候，总是在自己签名的下方，写上"每桶4美元标准石油"字样，在书信及收据上也不例外，签了名，就一定写上"每桶4美元标准石油"。因此，他被同事们戏称"每桶4美元"，他的名字却很少有人叫了。

当公司董事长洛克菲勒听说了这个人后说："竟有职员如此努力宣扬公司，我要见见他。"于是邀请阿基勃特共进晚餐。当洛克菲勒卸任的时候，阿基勃特成了第二任董事长。

在签名的时候写上"每桶4美元标准石油"，这算不算小事？严格来说，这件小事根本不在阿基勃特的工作范围之内。但阿基勃特做了，并坚持把这件小事做到了极致。那些嘲笑他的人中，肯定有很多人的才华、能力在他之上，可是没有几个人把爱业、敬业、勤业的热情化作一种有影响力的企业文化精神，最后，也只能是他成为董事长。

当一个人将自己的全部热情专注于工作时，即使最乏味的工作，也能够做得饶有兴致。热情就转化成工作的动力，成功也在向他靠近。

一位金融家有一句名言:"一个银行要想赢得巨大的成功,唯一的可能就是,他雇了一个做梦都想把银行经营好的人做总裁。"所以说,当一个人投入全部的热情在工作上,他就等于在不断接近成功。

罗宾·霍顿是华盛顿哥伦比亚特区紧急安全保卫机构的创始人,他是对工作饱含热情的楷模。尽管对别人来说,霍顿的收入颇丰,但霍顿却认为,她喜欢的是她所从事的工作,这一点远比金钱更为重要。她所创办的这家企业主要是为工商界、联邦政府和居住区的客户设计和安装保安系统。

她喜欢因自己能确保客户的安全而获得的满足感。"我知道我在保护人们。"她说,"我在拯救人们的生命,我使他们能够在自己的企业或家里不用担心会有什么危险,他们可以高枕无忧。"在她的心中,始终想的是如何给别人提供安全保障。这种对工作的热情,是她获得成功重要的因素。

巴甫洛夫说过:"请你们记住,科学需要一个人贡献出毕生的精力,假定你们每人有两次生命,这对你们来说还是不够的。科学要求每个人紧张地工作和伟大的热情。希望你们热情地工作,热情地探索。"

热情,可以让我们在工作中发挥出蕴藏着的极大力量,而这力量足以让我们达到成功。对职场人士来说,热情是成就事业的基石,是成功的动力源泉。有了热情,才能更专注于工作,才能在职场获得更大的进步,才会学到职业范围内的更多专业知识,这对我们的职场生涯,无疑是一笔巨大的财富。只有对工作倾注热情,才能让事业取得更大的成功!

勿以善小而不为，勿以恶小而为之

在职场，同事之间复杂的利益关系和合作关系，会让有些人对同事心怀戒备，甚至背地里使坏。看到同事落难，不仅不好言劝慰、伸出援助之手，甚至还落井下石。这类人，自然无法得到同事的信任和支持。点点滴滴的小事，都可能会破坏人际和谐。做人必须心存善念。

古人云："毋以善小而不为，毋以恶小而为之。"积小善成大德，无论是多小的善举、好事都应该去做；而违法背义的事情，无论多小也坚决不做。一件微不足道的小事也许会改变你的一生，一个看似无关紧要的小人物也许在关键时刻能发挥非常的作用。做人不要不屑琐碎的小事，一个人的成功，有时就在于一个小小的善举。有这样一则小故事。

一只小蚂蚁在河边喝水，不小心掉了下去。它用尽全身力气想上岸，但一会儿就游不动了，在原地打转，小蚂蚁近乎绝望地挣扎着。这时，正在河边觅食的一只大鸟同情地看了看这只可怜的小蚂蚁，然后衔起一根小树枝扔到它旁边，小蚂蚁挣扎到树枝上，终于脱险回到岸上。

当小蚂蚁在河边草地上晒身上的水时，听到人的脚步声。一个猎人轻轻地走过来，手里端着枪，准备射杀那只大鸟。小蚂蚁迅速爬上猎人的脚，钻进他的裤管，就在他扣动扳机的一瞬间，小蚂蚁咬了他一口，猎人一分神，子弹打偏了。枪声把大鸟惊起，振翅飞远了。

先贤说："施比受更有福。"做人要时时怀有善念，当人有困难时，举手之劳即可拉一把就该拉一把，帮别人会使彼此关系更和谐，所以也是帮了自己，所谓"与人方便，自己方便"，蚂蚁虽远不及大鸟，但它用自己微薄的力量让大鸟躲过了杀身之祸。由此也可见：做人既要从点滴小事做起，还要重视小人物。

延伸开来，违反做人原则的小事，就要坚决摒弃。小善可以积成大德，小恶同样可以积成大恶，《伊索寓言》中就有这样一则故事。

有个小孩在学校里偷了同学一块写字石板，拿回家交给母亲。母亲不但没批评他，反而还夸他能干。第二次，他偷了一件大衣回家，母亲又很满意地夸奖了他一番。

随着岁月的流逝，小孩长成小伙子了，便开始去偷更大的东西。有一次偷贵重物品被当场捉住，最后被判了死刑。临刑前，他母亲跟在后面，捶胸痛哭。这时，他请求跟他母亲说几句话，得到了允许。他凑向母亲耳边，没说一句话，猛地咬掉了母亲的耳朵。母亲骂他不孝，他却说："我初次偷石板的时候，如果你打我一顿，今天我会是这种悲惨的结局吗？"

这个故事中的主人公，还算是认识到了"小恶成大罪"的道理。不过也有执迷不悟的，宋朝就有这样一个著名的例子：

宋朝崇阳县衙门里有个管理钱库的库吏。有一天，人发现他头巾里藏了一文钱，追问之下，他承认是从库里偷的。县官张乖崖得知后，责打了他一顿，还要判他盗窃国库之罪。库吏不服，说："我只拿了一文钱，有什么大不了？打我一顿也就算了，还非要判我重罪！"

张乖崖一听，严厉地呵斥说："一日一钱，千日千钱。绳锯木断，水滴石穿！"

从这个故事我们可以明白一个道理，我们更不能因一时看不到为小恶的后果，就心存侥幸。否则无论你做了多大的善举、多么多的善事，都会化为乌有，诚如《菜根谭》中说："娼妓晚景从良，一世烟花无碍；贞妇白发失节，半生辛苦俱非。"人们赞赏妓女晚景从良这种由"恶"而"善"，但鄙视贞妇白头失守的由"善"而"恶"，正所谓"看人只看后半截"——也可以说"看人只看半截"。因此，做人要"诸恶莫作，众善奉行，自净其意，破除邪见"，以"仁"为本，千万不要以为恶小而为之。

职场之道

在职场，看似微不足道的小善我们做了，或许，一时没有得到回报，但是，这样的事情做多了，自然别人也会看在眼里，记在心里，在你需要帮助和支持的时候，一定会看到从四面八方伸来的援助之手；相反，如果你做了一件坏事，那么你所有的善举，对别人来说都是伪善，更会遭来众人的谴责。"勿以善小而不为，勿以恶小而为之"这句话，不仅是一种处世哲学，在职场，更是一句生存法则。

职场的捷径——跟对上司

在职场，有一个好上司，会让自己的职场之路走得更顺利一些。所以跟对上司，能为升职加薪铺路，是一个人在职场成功的重要因素。

热播一时的《潜伏》一度成为人们热议的话题。为什么《潜伏》会热？是因为它是一部惊险刺激的谍战片吗？当然不是，《潜伏》更多剧情更像一部职场演绎，吴站长、余则成、李涯、马队长、陆桥山等，彼此相互利用，勾心斗角，像战场，更像职场！

这部电视剧的重要看点无疑就是办公室政治，小人物被挤出局，几个重点人物死的死，亡的亡，存活下来的就是这场斗争中的佼佼者。现实的职场何尝不是这样？

国企也好，外企也好，私企也罢，底层人物的勾心斗角，相互倾轧。《潜伏》中的吴站长就是典型的领导人物他故意留出一个副站长的位置，平衡和制约下属，让手下的人斗法。余则成最后成了副站长，有一个重要的原因，就是他的上司吴站长对他的关照和提拔。

现实职场虽然没有那么可怕，但每个人在职场的斗争中都面临被淘汰或者被打入冷宫的危险。如何才能在众多的竞争者中脱颖而出呢？

张良是一家外企的销售部成员。刚进入公司就被主管打入冷宫，被派到一个偏远的城市去推销保健器材。原因很简单，就是他无意中跟另一个销售部门的主管说出了一个客户的名字，然后让对方"截扣"了。

主管非常生气，直接把张良派往偏远地区推销保健器材。而和他一起进公司的两个人因为他的过错就会有一个人升职，成为副主管。

张良回到租房，唉声叹气地坐在沙发上抽烟。

正好，一起租房的王先生看到了，随口问了一句："工作不顺心?"

张良点头。

王先生坐在沙发上，问："说说。"

张良把事情的原委说了一遍，顺便把公司的种种关系也说了一下。王先生听完，不由叹气："你啊，太大意了。""职场上，少说多做，这是第一位的。然后，就是站队，跟对了领导你才能有机会上升。"

张良说："我一时大意了。我现在该怎么补救呢?"

王先生说："现在，你要主动跟你的主管沟通，要赔礼道歉。通过你说的情况，我看主管本来是想提拔你，你为人老实，没有野心。你那两个竞争者，一个野心太大，另一个董事局有亲戚，他们总有一天会站在你平庸的上级头上拉屎，所以，提拔你是最合适的。但是，你现在犯了这样的错误，想提拔也不行了。你现在就得主动找主管承认错误，拉家常，表明忠心。"

张良问："我现在说还有用吗?"

"当然有用了。"

张良决定试试。

第二天下班的时候，他走进了主管的办公室。那两个竞争对手一天都没在公司，推说有业务，估计又出去活动去了。

主管愁眉苦脸的，一看张良来了，两个人就进了一家酒馆。

酒过三巡之后，主管说话了："总经理要走了，已经下来通知了。"

张良一听，完了，公司的人都知道，销售部两个部门，一个是总经理管的，一个是副经理管的，两个队伍竞争非常激烈。总经理一走，意味着副经理可能扶正了。那他们的日子就不好过了。

张良小心地问："主任，是不是因为我上次的事情?"

主管说："算了，不说了。"

张良利用吃饭的机会，向主管要了几万的活动经费，不然等到了那个偏远地区就拿不到了,这边的那俩人不给自己用黑招才怪呢!

张良主动跟主管套交情,拉关系,还不断暗示另外两个人的缺点,主管也是心知肚明。

把主管这边安排好了,张良就安心去了那个风景宜人,卖不动保健器材的偏远地区。

公司这边闹得不可开交,两个主管都想争副经理的位置,张良主管的两个下属都在抢夺主管的位置。

张良一个意外的机会认识了疗养院的院长,很快就卖出了几百万的保健器材。张良凯旋时,写了一份述职报告。报告里首先说了主管的支持和鼓励,有了主管的安排部门才取得多好的成绩,把成绩往主管身上推。

公司董事局看到了张良的报告,很快决定,升张良为主管,张良的主管升职为副经理,管理张良的团队。

就这样,入行两年多的张良终于升职加薪了。而与张良同去的两个人,在经历一系列的斗争之后,愤然离去。两年多的职场历练让张良找到了感觉,在与上司保持协调一致的情况下,他也开始经营自己的小团队,重用自己的亲信,疏远那些自己不信任的人。

从张良的故事中可以看到:职场斗争非常残酷,职场更像战场,甚至每个人都会是你升职的障碍。张良因为一时无意,授人以柄,被打入冷宫。但是,经王先生的指导,明白了自己的处境,很快利用机会,及时站好队,跟对了上司,结果自己的主管取得副经理的位置的同事,自己也得以加官进爵。

人在江湖,身不由己。很多人为办公室政治头疼,职场就是这样。但是,办公室的政治也是有策略的,能运用得当就能成为赢家。

要想在自保的同时获得提升,需要从以下几点考虑。

一、保持你与上司的良好关系,跟对上司。

二、你与上司是荣辱与共的,维护大家共同的利益,上司才是你最大的保护伞。

三、上司倒霉的时候尽量保持距离,但不能落井下石,冷庙也需要烧香。

四、害人之心不可有,防人之心不可无。

五、职场里有战争,是一场长期的战争。身处其中,凡事要小心。

六、野心多大也要藏起来,不要让别人知道,要忠心,至少看起来应该是这样。

七、保持良好的人际关系,这样,在你困难的时候才会有人拉你一把。不要自大、目空一切,不然会招来落井下石的后果。

职场之道

职场像战场,但是,比战场更刺激。如何在职场上立稳脚跟,不断升职呢?一言概之,做人要诚实,有防人之心,不争功,不诿过,踏实做事,夹着尾巴做人。其中,有一个重要的捷径就是跟对上司,这样才能在众多的竞争者中脱颖而出。跟对上司,是对自己职场生涯的一种投资,这种投资或许一时看不到结果,但必然会有一个好的结果。

别把自己弄得可有可无

某天，一位计算机工程师被裁，他难过至极。

他沮丧地问同事："我又没犯什么错，经理为什么把我裁掉？"

"大概是你哪里做得不够好。"同事 A 说，"还记得上次他让你指导业务部门使用计算机，你坐在那里没事做时刚好被他看到？"

"什么，我没事做？那时大家刚好都没有问题，我才自己上网的。我不是照样在一旁待命，有人发问我不也是马上就去？"他反驳。

"就是啊！"同事 B 附和，"经理留下来的另一个工程师，那天帮另一个部门的人修计算机，修到整台计算机坏掉，经理没裁他，竟然是裁你，真说不过去！"

"你有冒犯过谁吗？也许是别的部门的人说了你什么坏话。"同事 A 又问。

"会不会是上次那个无理的主管不满意你的态度，记得吗？"同事 B 说，"他不会用计算机还自作聪明，后来把自己计算机弄坏了，还将责任推到你身上。"

"但那次经理为我说话，他明白当时是主管的错。"工程师回答。

他们徒劳无功地讨论了一个多小时，同事 A 终于说："唉，不服气你去问他嘛。"

"可是，"他犹豫了起来，"这样好吗？没看有人这样做过……"

"我也觉得没有必要去自取其辱，"同事 B 附和，"裁员还会有什么理由？何必挑明了让大家尴尬？"

第十章 职场的非常之道

"但是问清楚了，真有错，下次可以做得更好不是吗？"同事 A 说。

同事 A 的话让这位工程师回家想了好多天，一直耐不住心里的不满和疑惑，终于决定亲自找经理谈一谈。

"我只是想了解一下这次裁员的原因。我知道这次为了精简公司编制，总得有人给裁掉，但我很难把裁员的原因和我的表现联系在一起。"他将在心里排练好久的话一口气全讲了出来，"如果真的是我的表现不好，请经理指点，我希望有改进的机会，至少在下一份工作上我不会再犯一样的错误。"

经理听完他的话，愣了一下，竟露出赞许的神情："如果你在过去的工作中都这么主动积极，今天裁的人肯定不会是你。"

这回是工程师愣住了，不知所措地看着经理。

"你的工作能力很好，所有工程师里你的专业知识算是数一数二的，也没犯过什么重大过失，唯一的缺点就是主观意识太重，缺乏合作精神。如果团队中某人不懂得主动贡献，团队总是为了他必须费心协调，就算那个人能力再好，也会变成团队进步的阻力。"经理反问他："如果你是我，你会怎么办？"

"但是我并不是难以沟通的人啊！"工程师反驳。"没错。但如果你将自己的态度和同事相比，以 10 分为满分，在积极热心这方面，你会给自己几分？"经理问。

"我明白了。"工程师说。原来自己是个"可有可无"的员工。

"你有专业能力为基础，如果你积极热心，懂得借着合作来运用团队的力量，你的贡献和成就应该会更大。"接下来的半小时，工程师虚心聆听经理给他的建议。他非常庆幸自己没有假设某个被裁员的原因，躲起来怨天尤人，也很高兴因为不耻下问，明白了自己的缺点在哪里。

不仅如此，经理很高兴看到他如此上进的一面，几天后亲自打电话介绍他另一个职位，比原来的工作还好。

如果这位工程师在被裁员后躲起来怨天尤人，就不可能通过经理的协助看到自己的缺点。好在他学会了合作的第一前提：主动关心别人的需求。而当别人感到被关心时也会付出相对的善意，分享自己的资源，就像这位工程师的经理愿意介绍他到另一个更好的职位一样。这就是合作最大的益处。

工作中，我们常常忘了人与人之间最宝贵的资源，就是合作关系。一个人可以聪明绝顶、能力过人，但若不懂得以积极热心来培养和谐的合作关系，不论多成功都得付出事倍功半的努力。而在现实中，不积极热心的人在团体中只会做好被吩咐的工作，愿意付出的人就算能力有限，却能带动团体，集结众人的力量，使工作加倍顺利地进行。

公司成长，个人才能发展

职场从来不乏成功人士，但并不是每个人都能获得成功，大多数人的成果都是建立在团队成功的基础上。对公司员工来说，只有公司成长了，你才能发展，只有公司赢利了，你的工资才能提高，你个人才能有更大的发展空间。公司的发展程度，对你的薪酬有重要影响，甚至起决定作用！

对于职场人士来说，公司和个人的关系是必须明白的一个道理：只有公司成功了，你才能够成功。公司和你的关系是"一荣俱荣，一损俱损"的。只有每一位职场人士认识到这一点，才能在职场获得老板的赏识和信任，从而取得成功。作为一个员工，你要时刻记住自己的使命是努力实现公司的目标。然而，这些目标有时看来十分简洁清晰，但有时也不那么明朗，你必须去做更深层挖掘。

有一位叫汤姆的年轻人，是纽约一家纺织品公司的销售经理，他对自己的销售业绩感到非常骄傲。好多次，他向老板讲述自己如何为公司卖力地工作，如何劝说一位服装厂的老板订公司的货。但老板只是点点头，淡淡地表示赞同。

汤姆对老板的态度不满，最后鼓起勇气，"我们的业务是销售纺织品，不是吗？"他问道，"难道您不喜欢我的客户？"

老板平静地直视着他说："汤姆，你把全部精力放在一个小小的服装厂上，你不觉得这个小小的服装厂耗费了我们太大的精力。请把注意力盯在一次可订 3000 码货物的大客户身上！"

汤姆听后明白了，就把手中较小的客户交给一位经纪人去处理。虽然这样一来，他只能得到少量的报酬，但更重要的是，他有了更大的目标——找更大的客户。

很多人在追求目标的过程中，容易忘记自己的最终目的：老板认为你可以为他成功尽心尽力，作出贡献，这显然是工作价值所在，而不仅是完成目标那么简单。

任何一个和老板保持一致并帮助公司获得发展的人，都会成为企业的中坚力量，成为令人艳羡的成功人士，这是职场不变更的法则。

即使自己只是普通的一员，只要关系到公司的利益，你都应该毫不犹豫地去维护。一个职员要想得到提升，公司的每一件事情都是他的责任。你想让老板知道你是一个可造之材，那么，最好、最快的方法就是要积极地寻找并抓住每一个可以促进公司发展的机会，即使不是你的责任，因为公司的事情就是你自己的事情。只有对自己、公司积极负责的人，才能得到老板的信任和重用。

董辉是一家工具厂的主管，有一天，他向别人抱怨材料供应商办事效率低："如果没办法如期拿到材料，我们公司肯定就无法准时交货了。下个礼拜我们有一批很重要的货要批出去，可是有个零件到现在还没到，本来一个月前就该送到我们公司了。那家材料供应商根本也没想办法，我们公司也一样！"

公司的总经理听说后问他："对于这个问题，你觉得你该做什么呢？"

他一脸惊愕地回答说："哦，我刚刚知道有这个问题，可是这不关我的事，那不是我部门负责的，不在我的工作范围之内。"

像董辉这样把自己的职责范围划分得很小的人，很显然，对公司的事缺乏热情，这样的人难以在老板心中留下好印象。

如果你总是推卸责任，或许，老板看到你的优点不会辞退你，但在老板的心里，你肯定是一个不能委以重任的人。

◇ 职 场 之 道 ◇

对职场人士来说,"公司的事就是我的事"绝对不是一句简单的口号,是对公司的责任和义务,是每一个有理想有抱负的职场人士的主人翁精神。只有把自己视为公司的主人,积极发扬主人翁精神,才能在帮助公司发展的同时让自己获得成功。这样的人,才是公司宝贵的财富,是老板心目中可以信任和重用的人才。

会休息的人，才会工作

工作狂，在职场中并不少见。很多工作狂，工作起来甚至是没日没夜，一会儿不工作就无所适从，寝食难安。勤奋工作的员工，任何老板都会喜欢。但是仅仅勤奋就够了吗？有位哲人说过："不会休息的人，就不会工作！"《创世纪》中上帝的日程表已经扩展成了全世界通用的日历，7日为一星期，星期日为休息日，就算上帝也会休息一天，休息是神圣的。

约翰·洛克菲勒一生创造了两项惊人的记录：他赚到了当时全世界为数最多的财富，活到了98岁。那么，他是如何做到这两点的呢？一个重要的原因，那就是他每天中午在办公室里睡半个小时午觉。他会躺在办公室的大沙发上，睡午觉时，哪怕是美国总统打来的电话他都不接。

那些懂得休息的人，休息时并不是什么事都绝对不做，休息是为了更好地工作。对于职场人士来说，身体是革命的本钱。身体垮了，一切都完了，连点钱都点不动了。现在职场竞争日趋激烈，工作压力越来越大，这种压力包括下岗、失业压力，业绩、晋升压力，年龄、充电压力，家庭、感情、健康压力等。网上流行这样一句话："女的当男的使，男的当牲口使。"很多职场人士，加班加点是家常便饭，甚至加班到半夜，这无疑是对生命的透支，是对职场生涯的不负责任。一个人的职场生涯达30余年，是持久战，没有健壮的体魄，是很难胜任长期的战斗的。所以处理好工作与休息的关系，对职场人士非常重要。

张明是一家广告公司的设计总监助理，在公司素有"拼命三郎"之称。这家广告公司忙到什么程度呢？公司的员工甚至在去厕所都是以百米冲刺的速度。而张明作为设计总监助理，更是没有白天黑夜地忙，忙到一天只上一次厕所的地步，常常在计算机前盯着白花花的荧屏一整天，一刻也不敢放松。长年累月，张明没有双休日，没有节假日，天天晚上不到12点是不回家的，还常常因为突发事件而半夜或者凌晨起来，生物钟完全被打乱了，睡眠严重不足。从他进入公司上班，就几乎没有体育锻炼了，旅游更是想都不敢想。张明的体型已经迅速地变成臃肿而难看的"鸭梨型"，情绪也变得非常烦躁，常为小事和同事争吵。由于张明工作出色，两年后被提拔为设计部总监，但和任命书一起到达的，还有医院的入院通知书和老婆的离婚书。

现在社会竞争激烈，工作压力大，很多职场人士生活没有规律，长期处于紧张状态，久之便威胁到了健康。于是就有了这样一个群体，他们生活在亚健康状态下，钱袋鼓起来了，身体却吃不消了，得不偿失。紧张工作要懂得自我调节，放松自己，不要等到累得不行了才休息一下，身体是工作的本钱，本钱没有了，又如何去赚更多的钱呢？

会休息是职场人士的一大本事，是优秀的素质。休息是为了更好地工作，工作是为了换来更高质量的生活。如果过分强调工作而忽视身体健康，那么从长远来看，将阻碍职业目标实现。脱掉忽视健康的"外套"，让自己吃好、喝好、睡好，以保证旺盛的精力和足够的体能，这样更能从容应对工作，实现职业目标。

唐宋八大家之一柳宗元很多人都不陌生，他在《柳河东集》里记载了一种动物蝜蝂。

蝜蝂是喜爱背东西的小虫，遇到东西，就抓过来放到背上，东西越背越重，即使非常劳累也不停下，直至被压得爬不动。

柳宗元说：有的人可怜它，替它去掉背上的东西。可是蝜蝂如果还能爬，就还把东西抓过来背上。而这种小虫又喜欢往高处爬，用尽了力气也不肯停下来，常常跌落摔伤。

职场之道

"不会休息就不会工作",这是至理名言。很多人看起来很敬业,但是,他的工作节奏混乱不堪。只有会控制工作节奏的人,才能享受好的休息;只有懂得休息的人,才能更好地工作。工作是为了更好地生活,不能因为忙碌工作而放弃对生活最初的向往。会休息的人才会工作,工作之余适当地放松自己,养神蓄锐,才能更好地工作!

人往高处走，跳槽需谨慎

"跳槽"是职场人士一个永恒的话题。俗话说，"人往高处走"，对很多职场人士来说，跳槽是开拓自己前途的一种途径。"铁打的阵营流水的兵"，现在社会，很少有人在一家公司一待就是一辈子，之所以有人跳槽，是因为人们都在追求实在的职位和薪酬的提升。

但跳槽一定好吗？不尽然。很多人在跳槽之后并不如意，甚至还不如原来，这不得不引起准备跳槽者的重视。因此，跳槽更需要谨慎，别让好事成了坏事。

李哲大学毕业后进入一家公司当文员。转眼两年过去了，李哲的工资和职位还在原地踏步。他不安于现状，希望能够在职场中开拓出一片天地，职场之路越走越宽。于是，他专门向一位职业咨询师咨询。咨询师在了解李哲的学历、经历、能力、性格、爱好和特长等后，给他的定位是总经理助理转人力资源管理。有了这个明确的目标，李哲开始有计划地接受这方面的指导，并接受了职场专家的辅导。

过了一个月，李哲顺利地拿到了总经理助理的职位。然后他又向下一个目标人力资源管理努力，定的时间是一年。李哲在做好自己本职工作的同时，利用业余时间抓紧学习人力资源管理方面的知识和业务。半年后，他发现，职场中人力资源管理的职位出现大量空缺，需求量陡然上升。于是李哲抓住这个机会，及时跳槽，顺利拿到了人力资源管理方面的职位，薪水也自然得到了提升。从一个公司的文员到另一家公司的人力资源管理阶层，李哲提前完成了自己的职场规划。

跳槽给李哲带来了职位和薪水的飞跃，但他并没有满足，继续努力，向更高的目标前进。职场人士都希望自己走向高处，但在通向这个高处的过程中就少不了规划和时机。李哲可以说为那些准备飞跃的人做了一个样本，他首先给自己定了目标，明确了发展方向，然后朝着这方面努力，并选择恰当的时机起跳。就这样，他扩展了自己的职场前景。

跳槽的过程，是一个从量变到质变的过程，这就离不开平时对行业、职位等相关内容不断积累，并在工作中总结经验，这样才能在机会到来的时候抓住它。此外，跳槽更需要谨慎行事。跳槽是职业轨迹的拐点，通过这个拐点，向上提升，还是下滑是准备跳槽的人不得不思考的问题。

有合适的目标和充分的准备，是跳槽成功的关键因素。除了这两点，跳槽时机的选择也是不容忽视的，在还没有准备好之前，千万不要冒险跳槽。

周涛和韩军在美术学院毕业后一起到一家知名广告公司应聘，但因为资历太浅而失败。无奈之下他们选择了一家不起眼的小广告公司。

他们上班以后发现，这家公司还是不错的。尽管规模不大，但工作环境很好，而且同事热情，他们在工作中遇到困难的时候，同事们都会尽心尽力地帮忙。老板待人也平易近人，对待下属的广告设计从不多加指责，即使有不同的意见，也很委婉地提出来，和下属一起解决问题。在这样一个轻松愉快的环境中，周涛和韩军成长非常快，仅一年的时间，他们的才华就崭露头角，他们的很多创意和设计都得到了专业人士的好评。

周涛和韩军在广告界有了一定名气后，受到一些公司的青睐，企图将他们挖走，其中，就有当初拒绝他们的那家公司，给的待遇也很诱人。韩军心动了，人往高处走，总不能一直呆在这家小公司吧，何况对方又是一家大公司，薪水也高出很多，于是，他跳槽了，想在新公司得到更大的发挥。但周涛留了下来，因为他觉得自己目前还不够成熟，需要在这家公司学习更多的知识。

韩军来到这家大公司后，在很长一段时间内都适应不了公司里的氛围。这家公司里的同事都是经过严格挑选的精英，有资历、有经验，个个都心高气傲，相处起来很困难。他的上司更是一个严肃而挑剔的人，每当韩军提出不同的见解时，老板总是不耐烦地反问："是我说了算还是你说了算？"结果每次都是以韩军的退让而告终。在这样的环境下，韩军将更多的心思用在了和上司、同事搞好关系上，对工作的投入就少了，所以他的工作并没有出色。留在小公司里的周涛取得了骄人的成绩，他有几个广告设计在全国获了大奖。凭借这次机会，他也跳槽了，进入了一家国际设计公司，并成为该公司的策划指导。

很多时候，人们发现了自己追求的东西就在眼前，就不顾一切地去追求，往往忽略了自己是否准备好了。韩军自以为是地以为抓到了自己所追求的东西——职位、薪水，却没有想到高处不胜寒，结果因为自己的一时错误，走向了职场的低谷。而周涛在面临是否起跳时做出了正确的决断，他追求的是事业的高度，最终在事业上获得了成功。

到底是"跳槽"还是"卧槽"，哪个更适合发展？这是很多职场人士争议的一个话题。如果在做好一切准备之后，选择合适的契机跳槽，是不错的选择。但跳槽并不是非常安全的，这一跳，以往的一切都会清零，一切重新开始，跳槽的结果就是使职业缺少连贯性，对个人发展会造成一定的影响。一次失败的跳槽甚至会对人生造成恶劣的影响，乃至一蹶不振。所以，跳槽要谨慎！

理想有多远，就能走多远

职场人士都有自己的职业理想，但在实现职业理想的路上不一定一帆风顺，可能遇到坎坷和困难，但只要锁定目标，勇往直前，总会有达到的一天。相信：理想有多远，我们就能走多远。在布满坎坷与荆棘的职业生涯中，职业理想是照亮我们人生前进的引航灯。古希腊伟大物理学家阿基米德说过：给我一个支点，我就能撬起整个地球。职场人的成功是需要有这般勇气和豪情的。

汉高祖也可谓是有远大抱负的人，他在一次看到秦始皇出行时说过一句话："嗟乎，大丈夫当如此也！"当时他只是一个小小的亭长，却能够说出这般的话，表明他不再满足小亭长的职位，想做顶天立地的大丈夫，大丈夫的含意也就是皇帝。从此以后，他开始了百折不挠的奋斗。

俗话说："志高则品高，志下则品下。"刘邦在接下来的几年中充分运用他的聪明才智和独特的个人魅力，召集了一大帮谋士勇将，他们数十年南征北战，在推翻残暴的秦朝统治中立下汗马功劳。在攻入咸阳时，刘邦曾想在此享受荣华富贵，这时他的一位谋臣张良说道："你的志向难道就仅限于此吗？"刘邦听后，心中一震，迅速觉醒。他离开咸阳，驻兵霸上，避免成为众多诸侯所攻击的对象。最终，他击败了西楚霸王项羽，建立了繁荣昌盛的汉朝，对后世影响深远。这正验证了高尔基的一句话："一个人追求的目标越高，他的才力就发展得越快，对社会也就越有益。"

从刘邦身上可以看到，一个人的远大理想、豪情壮志对他一生的发展和成就有多么大的影响。试想，如果刘邦也和诸多平民一样，满足于一个小亭长的职位，每日除了按部就班地完成不多的公事，便是与贩夫走卒之徒吃酒赌钱，不思进取，也终将会淹没于历史的滚滚车轮中，我们将不会知道历史上还有过一个叫刘邦的人。因为他有伟大抱负，才使自己不断努力，最终成就了伟大功绩。

职场人士有远大的职业理想是非常必要的。有了理想，才会为实现理想努力。抱负有多么远大，他的世界也就有多大。就像伟人毛泽东的豪言壮语"指点江山，激扬文字，粪土当年万户侯"，从这些诗句中，可以感受到毛泽东的博大胸襟和远大抱负。可以说，一个人拥有什么并不重要，重要的是他想要获得什么，用什么方法去获得。你的目标在远方，它就会时刻召唤着你向前进。一个人的理想有多大，他的心胸就会有多么辽阔。当我们执著于自己的职业理想的时候，就不会为职场纷杂的利益困扰，不会为尔虞我诈的职场折磨得心力交瘁，我们会将更多的精力用在实现职业理想上。

1858年，瑞典一位富商家中生下一位漂亮的女儿，但不幸的是，这个女孩很小的时候得了一场重病，从此双腿瘫痪，失去了行走的能力。她的父母想尽了一切办法医治，但都不见效。

有一天，小女孩的父母带着她乘船旅行。在船舱中休息时，船长的太太告诉小女孩，船长有一只很漂亮的天堂鸟。小女孩听了非常好奇，想马上去看看这只天堂鸟，保姆就去把小女孩放在了甲板上，自己去找船长了。小女孩在甲板上等了一会儿保姆还没回来，她有些着急，就让船上的服务员带她去找船长。服务员不知道小女孩的腿不能走路，而拉着她往前走。

这时，奇迹发生了，小女孩由于极度渴想见到那只美丽的小鸟，竟然拉着服务员的手慢慢走了起来，就这样，小女孩的病竟然痊愈了。

这个女孩长大后勤奋好学，时常达到忘我的境界，最终她成为了第一个荣获诺贝尔文学奖的女性，她就是茜尔玛·拉格萝芙。

这个小女孩的事迹让我们明白，如果我们的心极度渴望做成一件事情时，我们将能达到忘我的境界，超越自身的束缚，释放出最大的能量，可有意想不到的奇迹发生。

在漫漫人生中，你能走多远，并不是问你的双脚，而要问你的心。只要你的思想有多远，你就能走多远。

职场之道

每一位职场人士都有自己的职业理想，但如何实现自己的职业理想呢？没有比脚更长的路，没有比人更高的山。理想有多远，就能走多远。只要我们本着一个执著的信念，我们走过的每一条小径的旁边都会遍地花开，漫野花香。手里没有花，但是心中有，而且散发出来的花香更迷人，更持久！那么，坚定我们的职场理想并努力去实现吧！

关键时刻，坚持到底就是胜利

工作努力很重要，关键的时候坚持更重要，坚持到底就是胜利。很多时候，在坚持了很长时间以后我们都会怀疑自己的坚持是错了。在这个关头，很多人选择了放弃，而只有在关键时刻不放弃，继续坚持、努力的人，才有希望达到成功的顶峰。

汽车大王亨利·福特有一个"把美国带到轮子上的人"的美誉。有一次，他想制造一种 V8 型的发动机。但当他将这个想法对工程师们说时，工程师们都认为这只能是一个美好的设想，绝对不会成为事实。然而，福特却一直坚持去尝试，"要想办法把它制造出来。"尽管令工程师都大吃一惊，但是福特的坚持让他们不得不去尝试。

工程师们开始很不情愿，几个月后，他们给福特的回答是："我们无能为力。"

但福特还是说："这是关键的时候，继续尝试，直到成功！"

很快，一年多过去了，事情仍然没有取得多大的进展。这时所有的工程师都觉得无论如何都该放弃了，但福特仍然坚持"必须做出来"。

有一位工程师突发灵感，竟然找到了解决办法。就这样，福特终于制造出了"绝不可能"成功的 V8 型发动机。

为何工程师们认为"绝不可能"的事情，最后还是有方法解决了呢？最重要的一点，就是不管做什么事，首先要把不可能的思想束缚放一边，而只是去想我们自己是否真的想尽了一切办法、穷尽了一切可能。当我们坚持到了最后就会发现，原来只要坚持到最后的几步就可以获得成功。

关键时刻，只要坚持，不断挖掘自己的潜能，就能将羊肠小路走成康庄大道。正如诗人汪国真所说：没有比脚更长的路，没有比人更高的山。

有些职场人士之所以成功，不仅仅是因为他的辛勤和汗水，还有他的努力坚持。当一种方法无法抵达目标的时候，那就换一种方法，这样才能真正把事做好。有很多人也付出了很多心血和汗水，但还是没能成功，这就需要从做事的方法来找原因。一个成功的人，必定是一个懂得坚持的人，也肯定是一个为了达到目标千方百计想办法的人。

毛姆是英国现代著名作家，写了《人性的枷锁》《月亮与六便士》等著名长篇小说，他的短篇小说在世界上的声誉更大。可谁知道，这位大名鼎鼎的小说家成名前，生活非常困难，他常常饿着肚子写小说，小说一直发表不出去，投了稿又被退回来，毛姆越来越着急。

快到山穷水尽了，毛姆突然想到一个新的方法，他厚着脸皮来到一家报社广告部，找到主任后，结结巴巴地说："先生，请帮我一把吧。我要推销我的小说。想来想去，只能求助报社登广告了。还想请您帮忙，在各大报纸上都刊登。"

"各大报纸？"广告部主任惊讶地瞪大了双眼，"亲爱的毛姆先生，您有那么多钱吗？"

"有，这广告刊登后，我的书肯定会畅销一空的。你肯先帮我垫付吗？到时加倍还您。"毛姆自信地回答。

面对广告部主任迷惘的神情，毛姆递上了早已草拟好的广告词。广告部主任飞速地看完，当即一拍桌子："好，这主意太棒了。我帮你的忙。"

第二天，各大报纸都刊登出了一则令人注目的征婚启事："本人喜欢音乐和运动，是个年轻而又有教养的百万富翁，希望能和毛姆小说中的主角完全一样的女性结婚。"

女性读者们不等读第二遍启事，就飞快地冲向书店，抢购毛姆刚出版的那本小说，回到家，关起门来细细阅读，看自己像不像毛姆小说里的女主角。男性读者更不甘落后，心中火急火燎地盘算：快买一本毛姆的小说，细细了解一下女友的心理世界，好对症下药，要不，自己的女友岂不要扑入那百万富翁的怀中。

三天后，整个伦敦所有书店涌满了要购买毛姆小说的读者，可售货员只能扯直嗓子嚷："没有了，本店一本也没有啦！我们正向出版社增订呢，很快就会来的。"

靠这奇妙的征婚启事，毛姆的生活出现了转机。那广告部主任当然也得到了一笔数额可观的酬金。

面对目标，当一种方法不能解决问题的时候，坚持固然很重要，但需要及时转换角度来思考问题。毛姆看到自己的处境，想到了一个让滞销书畅销的方法。以报纸做广告的形式来推动小说的宣传，是一个十分巧妙的宣传，抓住了人们的心理。毛姆的成功，的确有其独到之处。一个煽动效应，一本书畅销。毛姆为达到自己的目标，在坚持的同时，用自己的智慧赢得了成功。

职场人士面对困难的时候，重要的是坚持再坚持，在坚持中找解决问题的方法，赢得最后的胜利。面对目标，有信心也应该有理由去主动迎接它、挑战它。坚持的同时，要运用自己的智慧，找到合适的方法解决问题。坚持是成功者的意志，在坚持中学会思考是成功者的智慧。坚定自己的理想去追求吧，记住坚持到底就是胜利！只要能够坚持跨过了困难，就会发现"柳暗花明又一村"的美丽景象。